小学1〜4年

エルカミノ式

理系脳をつくる ひらめき思考力ドリル

中学受験エルカミノ 代表
村上綾一(著)

稲葉直貴(出題)

幻冬舎

は じ め に

小学校低学年に思考力を伸ばすドリル

　算数が好きな小学生の保護者の方々から、「小学校低学年で思考力を伸ばすには、どのような教材で勉強したらよいですか？」という質問をたびたび受けます。たしかに、市販の低学年向け教材は高学年で学ぶ内容を先取りしただけのものが多く、思考力を伸ばすのには適しません。

　「いつか推薦できる問題集を作りたい」と考えていましたが、今回機会を得て、理想に近い思考力ドリルを出版することができました。

　低学年における算数の勉強では、「計算」と「試行錯誤」が土台になります。計算に関する教材は、本屋さんに行けば様々なものがそろっているので困ることはないでしょう。

　試行錯誤できる教材はパズルをおすすめします。**算数を題材としたパズルを解くことで、算数のセンス、試行錯誤する習慣、思考力の3つをバランスよく伸ばすことができます。**それらを目的としたドリルが、前著『理系脳をつくるひらめきパズル』です。幸いなことに、前著は版を重ね、多くのお子さんに取り組んでいただきました。

　本著はその姉妹編になります。算数の土台ができた子に、どうすれば思考力を身につけることができるかを伝えるための教材です。

正解するまで粘り強く自分の力で考える

　私が主宰する中学受験塾「エルカミノ」では、算数オリンピックや数学オリンピックを目指す生徒のための講座があります。

　その授業では、**思考力を身につけるために、問題が解けるまで粘り強く考える**ことを奨励しています。解けなくても正解を教えることはありません。生徒の答えが間違っているときは、なぜその答えが間違いなのかを論理的に説明しますが、正解は教えず、再度解いてみるように促します。**正解するまで何度でも挑戦させます。**試行錯誤する姿勢が大切なのです。

　どうしても答えが出せないようなら、少しだけヒントを与えます。ただし、正解の一部を教えては意味がありません。算数的な（数学的

な）考え方の道筋を少しだけ伝え、それを踏まえて自分の力で考えるように指導するのです。

論理的な解法を知ることがもっとも大切

また、正解したとしても、我流の解き方のままでは成長につながりません。生徒の解き方を尊重したうえで、より合理的で論理的な解法を伝えます。

算数が得意な子ほど、我流にこだわってしまいます。「解けたのだからそれでいい」と考える子もいます。しかし、**解けたときこそ、思考力を伸ばすチャンスです。**正解にたどり着いたということは、問題の構造や着眼点に気づいているので、**合理的な解法がいかに優れているかを理解することができる**からです。

授業では、生徒が正解した後に、「君の解き方でも解けるけど、こうしたらもっと早く解けるよ」という話をします。問題を解くよりも大切な時間です。

算数の正しい学び方を身につけよう

このような独特な授業の臨場感を、考え方の「道しるべ」として収録しました。各問題の次ページにある**「道しるべ」は、問題が解けないときのヒントになりますし、正解したときに合理的な解法を知るための講義にもなります。**

チャレンジ問題は、「道しるべ」を通じて得た解法をもとに、少し難しい問題に挑むためのものです。「道しるべ」で学んだことを活用してください。

問題を解くことを楽しんだり、自分の解き方よりも優れた解法に出合ったりすることで、思考力はぐんぐん伸びていきます。

本ドリルを通じて、多くの小学生に算数の正しい学び方を伝えられればと願っています。

中学受験エルカミノ 代表　村上綾一

このドリルの使い方

①基本問題→考え方の「道しるべ」→②チャレンジ問題
の流れで取り組んでください。

①基本問題
最初に取り組んでもらいたい基本の問題です。

難易度
問題のレベルは1〜5の5段階です。★の数で難易度を示しています。

問題番号
1〜40テーマの思考力問題を収録しています。

カテゴリー
「並べ替え」「計算」「数の性質」「書き出し」「作図」「平面図形」「立体図形」「論理」「ゲーム」「その他」の10のカテゴリーで問題を分けています。

解いた日と時間
問題を解いた日にちを記録しておきましょう。「といた時間」はお子さんの成長の目安にしてください。

タイトル
問題の内容を示しています。

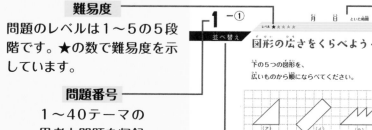

考え方の「道しるべ」
①の基本問題を10分考えてもわからない場合、次ページの「道しるべ」で考え方のヒントを学びます。正解した場合でも、合理的な解法を理解するのに役立ててください。

②チャレンジ問題
「道しるべ」で学んだ解法をもとに、さらにレベルアップした問題に挑戦してみてください。

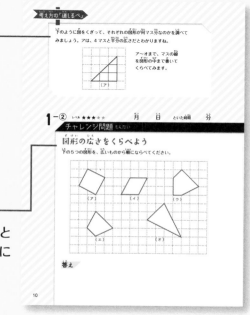

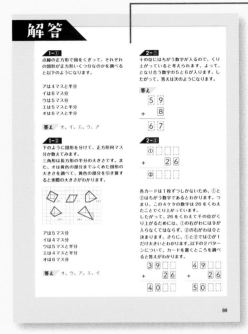

解答

1-①
点線の正方形で図をくぎって、それぞれの図形が正方形いくつ分なのかを調べると以下のようになります。

アは4マスと半分
イは6マス分
ウは5マス分
エは5マスと半分
オは6マスと半分

答え オ、イ、エ、ウ、ア

1-②
下のように図形を分けて、正方形何マス分か数えてみます。
三角形は長方形の半分の大きさです。また、オは黄色の部分までふくめた図形の大きさを調べ、黄色の部分を引き算すると実際の大きさがわかります。

アは5マス分
イは4マス分
ウは5マスと半分
エは4マスと半分
オは6マス分

答え オ、ウ、ア、エ、イ

2-①
十の位にはちがう数字が入るので、くり上がっていると考えられます。よって、となり合う数字の5と6が入ります。したがって、答えは次のようになります。

答え

```
  5 9
+   8
─────
  6 7
```

2-②

```
  ①□□□
+   2 6
─────
  ②□□□
```

各カードは1枚ずつしかないため、①と②はちがう数字であるとわかります。つまり、この4ケタの数字は26をくわえたことでくり上がっています。
したがって、26をくわえて千の位がくり上がるためには、①の右がわには9が入らなくてはならず、②の右がわは0と決まります。さらに、①と②では②が1だけ大きいとわかります。以下の2パターンについて、カードを置くところを調べると答えがわかります。

```
  3 9□□      4 9□□
+   2 6    +   2 6
─────      ─────
  4 0□□      5 0□□
```

89

解説と答え

最後のページに、より詳しい解説と答えを掲載しています。基本的には、保護者の方が理解して説明してあげてください。

【正しい使い方・注意点】

● 10分考えても解けない問題は、次ページの考え方の「道しるべ」を読むように促してください。「道しるべ」を読んだ後、再度問題に取り組みます。

● 正解したら、大きな○をつけてがんばったことをたくさん褒めてあげてください。また、「道しるべ」にも目を通し、自分の解き方と比較するように促してください。「道しるべ」の解き方を強制する必要はありません。

● 答えが間違っていても、**正解を教えたり書き込ませたりせず、再度挑戦させてください。**粘り強く問題に取り組むことが大切です。

● チャレンジ問題は少し難しいですが、同じように考えることで解けるようになっています。

● 問題は易しいものから始まり、だんだん難しくなっていきます。お子さんの学年によっては、レベル★★★やレベル★★★★の問題は手も足も出ないかもしれません。そのときは、いったん別の教材に取り組み、**時機を見てもどるようにしてください。**

● 問題によっては、かけ算やわり算の筆算ができることを前提としています。面積や体積の公式は必要ありません。植木算やつるかめ算などの和算の知識も必要ありません。

もくじ

本ドリルでは、40テーマ全80問の思考力問題を掲載しています。

レベル ★★★★★

並べ替え

図形の広さをくらべよう

下の5つの図形を、

広いものから順にならべてください。

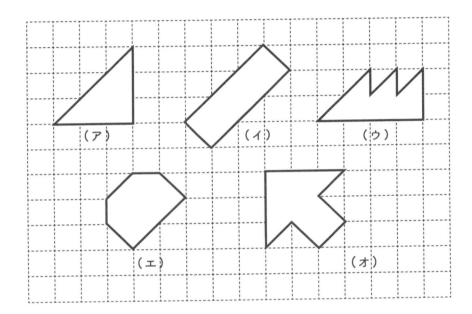

答え

下のように図をくぎって、それぞれの図形が何マス分なのかを調べてみましょう。アは、4マスと半分の広さだとわかりますね。

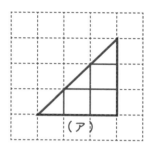

（ア）

ア〜オまで、マスの線を図形の中まで書いてくらべてみます。

1－② レベル ★★★☆☆   月   日   といた時間   分

チャレンジ問題 もんだい

図形の広さをくらべよう

下の5つの図形を、広いものから順にならべてください。

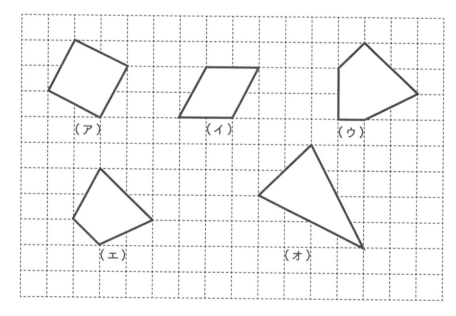

（ア） （イ） （ウ） （エ） （オ）

答え

2−①

計算

正しい筆算にしよう

□ に数字のカードをおいて、

正しい筆算にしましょう。

同じカードは１回しか使えません。

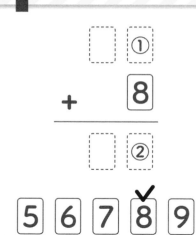

①が5なら、②には3を入れなくてはいけません。①が6なら、②に4を入れなくてはいけません。3と4のカードはないので、①には7か9が入ることがわかります。①に7が入る場合と9が入る場合を、それぞれ考えてみましょう。

2 - ② レベル ★★☆☆☆ 　月　　日　といた時間　　分

チャレンジ問題 もんだい

正しい筆算にしよう

□ に数字のカードをおいて、正しい筆算にしましょう。
同じカードは1回しか使えません。

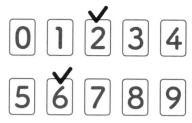

作図

長さのちがう線をかこう

9この点のうち、2つをむすんで線を引きます。

回転させて重なるものは同じとすると、

5しゅるいの長さの線ができます。

【れい】にあげた以外の

4しゅるいの線をかいてください。

れい

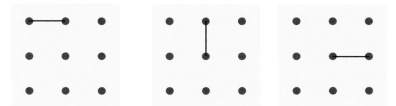

この3つはすべて同じ長さです。

よこ向きの線を考えれば右の図はすぐに見つかります。線をよこに引いたときとたてに引いたときで、できる線の長さは同じです。のこりの3つは、ななめに引いた線ということになります。探してみましょう。

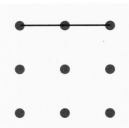

3 －② レベル ★★☆☆☆　　月　　日　といた時間　分

チャレンジ問題 もんだい

ちがう三角形をかこう

9この点のうち、3つをむすんで三角形を作ります。
回転させたりうら返したりして重なるものは同じとすると、
8しゅるいの三角形ができます。
【れい】にあげた以外の5しゅるいの三角形をかいてください。

れい

4−①

月　日　といた時間　分

レベル ★★★★★

書き出し

3文字のことばを作ろう

ひらがなの書かれたカードがあります。
1文字目、2文字目、3文字目に入れるカードをどちらかえらんで3文字のことばを作ると、ぜんぶで8つのことばができます。
【れい】にあげた2つ以外の、6つのことばを書き出してください。

1文字目	2文字目	3文字目
は	っ	ぱ
か	ん	ぷ

れい

はっぱ	はっぷ		

10分考えてもわからない場合は、次ページの 考え方の「道しるべ」 へ。

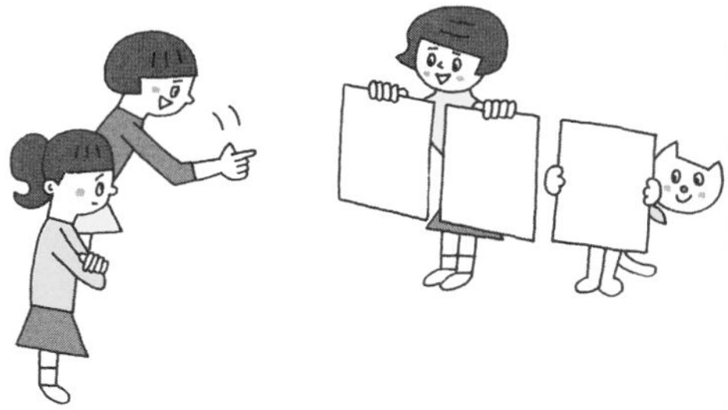

まずは、「は」ではじまることばを書き出してみましょう。2文字目が「っ」のとき、3文字目は「ぱ」「ぷ」の2通り、2文字目が「ん」のとき、3文字目は「ぱ」「ぷ」の2通りで、合計4つ見つかります。この4つを図でしめすと下のようになります。

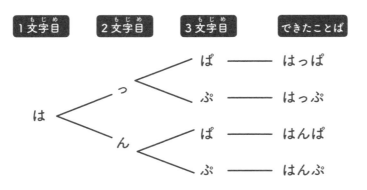

4−② レベル ★★★★★　　月　　日　　といた時間　　分

チャレンジ問題 もんだい

3文字のことばを作ろう

ひらがなの書かれたカードがあります。
1文字目、2文字目、3文字目に入れるカードを
どちらかえらんで3文字のことばを作ると、
ぜんぶで8つのことばができます。
すべて書き出してください。

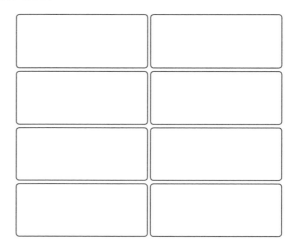

コインはうらか？ おもてか？

おさむがコインを5回なげて、

うら・おもてのどちらが出たかを記録しました。

つぎのヒントから、

5回の結果をすべて答えてください。

・4回目はうらが出た

・れんぞくしておもてが出たことがあった

・2回目と3回目はちがう面が出た

・同じ面が3回以上つづいたことはなかった

1回目	2回目	3回目	4回目	5回目

10分考えてもわからない場合は、次ページの 考え方の「道しるべ」へ。

4回目はうらなので、れんぞくしておもてが出たのは1回目と2回目、もしくは2回目と3回目です。2回目と3回目にれんぞくしておもてが出たとすると、「2回目と3回目はちがう面が出た」というヒントに合いません。よって、れんぞくしておもてが出たのは1回目と2回目だとわかります。

5 -② レベル ★★★☆☆   月   日   といた時間   分

チャレンジ問題 もんだい

コインはうらか？ おもてか？

おさむがコインを8回なげて、
うら・おもてのどちらが出たかを記録しました。
つぎのヒントから、8回の結果をすべて答えてください。

- 3回目はおもてが出た
- 1回目と2回目はちがう面が出た
- 7回目と8回目は同じ面が出た
- 2回つづけておもてが出たことがあった
- 3回つづけてうらが出たことがあった
- 同じ面が4回以上つづいたことはなかった
- おもてが出た回数は4回ではなかった

1回目	2回目	3回目	4回目	5回目	6回目	7回目	8回目

立体図形

つみきの数が多いのは？

つみきの数が多い順に、

ア～オをならべかえましょう。

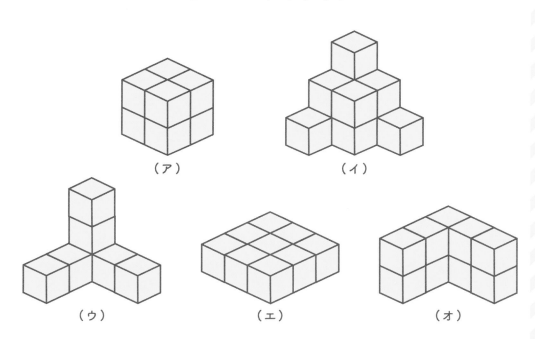

（ア）　　　　　　（イ）

（ウ）　　　　　（エ）　　　　　（オ）

答え

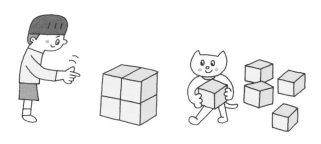

10分考えてもわからない場合は、次ページの 考え方の「道しるべ」へ。

イの図形にいくつつみきがあるか考えてみます。上から1段目には1こ、2段目には4こ、3段目には6こあります。

つまり、イには「1＋4＋6＝11こ」のつみきがあるとわかります。
ほかの図形も同じようにして調べてみましょう。

1段目　　　　　2段目　　　　　　3段目

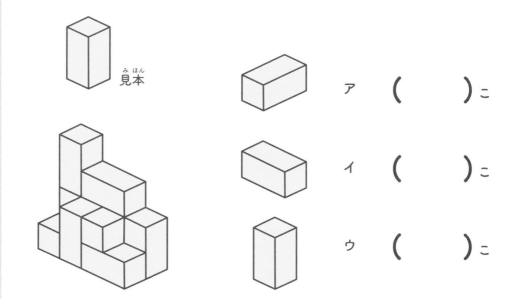

6－②　レベル ★★★☆☆　　　月　　日　　といた時間　　分

チャレンジ問題 もんだい

つみきはどうおかれている？

見本のような立方体2つ分の大きさのつみきがあります。
これを9こ使って下の図のようにつむと、
ア・イ・ウの向きにおかれるつみきはそれぞれ何こになるでしょうか。

見本

ア　（　　　）こ

イ　（　　　）こ

ウ　（　　　）こ

計算

レベル ★★★★★

式が最大になるのは？

☐に1〜4の数を1つずつ入れて、
答えが最大になるようにしましょう。

なるべく大きい数からなるべく小さい数を引いたとき、答えは最大になります。

2ケタで大きい数を作るには十の位をより大きく、小さい数を作るには十の位をより小さくすればよいですね。

7-② レベル ★★★★★ 月 日 といた時間 分

チャレンジ問題 もんだい

式が最大になるのは？

□ に1〜4の数を1つずつ入れて、
答えが最大になるようにしましょう。

$$\boxed{}\boxed{} \times 5 + \boxed{}\boxed{} =$$

書き出し

じゃんけんの組み合わせは？

3人でじゃんけんをして、
1回で勝負がつく手の組み合わせは6通りです。
すべて答えてください。

グー

チョキ

パー

答え

10分考えてもわからない場合は、次ページの　考え方の「道しるべ」へ。

考え方の「道しるべ」

グーを出して勝つためには、チョキを出す人がいなくてはいけません。また、パーを出す人がいてはいけません。よって、下のようにグー・グー・チョキ、またはグー・チョキ・チョキの2通りになります。同じように、パーとチョキの場合も考えてみましょう。

勝ち　　　　　負け　　　　　勝ち　　　　　負け

8 −②　レベル ★★★★★　　　　月　　日　　といた時間　　分

チャレンジ問題 もんだい

じゃんけんの組み合わせは？

4人でじゃんけんをして、
あいこになる手の組み合わせは6通りです。
すべて答えてください。

答え

24

レベル ★ ★ ★ ★ ★

数の性質

わり切れる数を考えよう

☐に数字のカードを入れて
正しい文にしましょう。
同じカードは1回しか使えません。

1 ☐ は ☐ でわり切れる

2 ☐ は ☐ でわり切れる

✓ ✓
1 2 3 4 5 6

10分考えてもわからない場合は、次ページの 考え方の「道しるべ」へ。

5のカードをどこで使うかに注目しましょう。「5でわり切れる」ためには、10や15、20や25を作らなくてはいけないので、カードがたりません。

よって、「15は□でわり切れる」「25は□でわり切れる」のどちらかが正しい文となるようにカードを入れていけばよいとわかります。

25は5でしかわり切れないので、「15は□でわり切れる」を考えて、数字を入れていきましょう。

9−② レベル ★★★☆☆　　月　日　といた時間　分

チャレンジ問題 もんだい

わり切れる数を考えよう

□に数字のカードを入れて正しい文にしましょう。
同じカードは1回しか使えません。

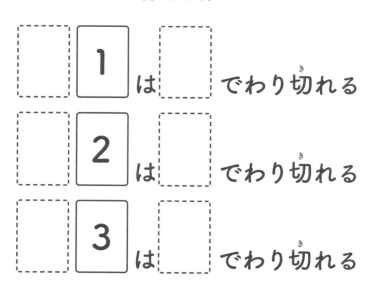

レベル ★ ☆ ☆ ☆ ☆

4人はそれぞれ何年生？

4人は1年生から4年生の
それぞれの学年の代表です。
みんなの話から、
下の表に○と×を書き入れてください。

しょうた「1年生じゃないよ」

とおる「2年生じゃないよ」

はるか「3年生だよ」

あさみ「しょうたとは1学年ちがうよ」

	1年生	2年生	3年生	4年生
しょうた				
とおる				
はるか				
あさみ				

10分考えてもわからない場合は、次ページの 考え方の「道しるべ」へ。

4人の話から○と×をうめていくと右のようになります。

あさみとしょうたは1学年しかちがいません。しょうたが4年生だとすると、あさみは3年生ということになり、はるかの話と合いません。したがって、しょうたは2年生とわかります。

	1年生	2年生	3年生	4年生
しょうた	✕		✕	
とおる		✕	✕	
はるか			○	
あさみ			✕	

10-② レベル ★★★☆☆ 月　　日　　といた時間　　分

チャレンジ問題

みつおは何年生？

6人は1年生から6年生のそれぞれの学年の代表です。
みつおが何年生か答えてください。

ひとし「高学年です」

ふみこ「3年生なの」

みつお「よつばより上の学年だよ」

よつば「4年生じゃないよ」

いつき「むつみより1つ上の学年だよ」

むつみ「低学年じゃないよ」

答え

	低学年		中学年		高学年	
	1年生	2年生	3年生	4年生	5年生	6年生
ひとし						
ふみこ						
みつお						
よつば						
いつき						
むつみ						

11−①

レベル ★★★★★

書き出し

120円になる組み合わせは？

120円をもって文ぼう具を買いにいきました。
えんぴつは30円、けしゴムは40円、
ノートは60円です。
120円ちょうどになる組み合わせを
すべて書き出してください。

えんぴつ 30円　◀

けしゴム 40円　

ノート 60円　

答え

1つあたりの値段が高いものから順に考えていきましょう。

ノートを買ったとすると、120円のうち60円を使うので、のこりは60円です。値段が60円になる組み合わせはノート1冊またはえんぴつ2本ですね。したがって、ノートを買う場合の組み合わせは、(ノート・ノート) または (ノート・えんぴつ・えんぴつ) とわかります。ノートを買わない場合も、同じように考えてみましょう。

11 −② レベル ★★★☆☆   月 日 といた時間 分

チャレンジ問題 もんだい

150円になる組み合わせは？

150円をもっておかしを買いにいきました。
あめは20円、ガムは30円、
チョコレートは50円です。
150円ちょうどになる組み合わせを
すべて書き出してください。

あめ 20円

ガム 30円

チョコレート 50円

答え

立体図形

えんぴつはどうおかれている？

えんぴつが重なっています。

どのえんぴつもかたむいていません。

重なり方がわかるように、

線を書きくわえてください。

れい

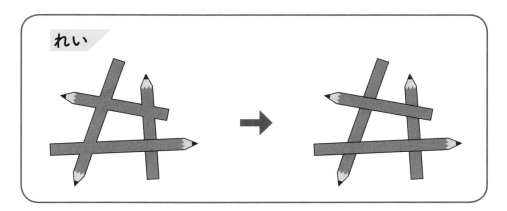

10分考えてもわからない場合は、次ページの 考え方の「道しるべ」 へ。

えんぴつがかたむかないようにするには、どのえんぴつにものっていないか、または2本以上の同じ高さのえんぴつの上にのっていなければなりません。したがって、①②③は一番下にあるとわかります。④のえんぴつがどのえんぴつの上にのっているかを考えてみましょう。

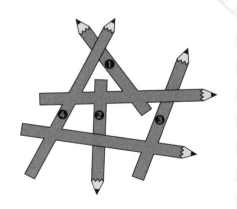

12−② レベル ★★★★★ 月 日 といた時間 分

チャレンジ問題 もんだい

えんぴつはどうおかれている？

えんぴつが重なっています。
どのえんぴつもかたむいていません。
重なり方がわかるように、
線を書きくわえてください。

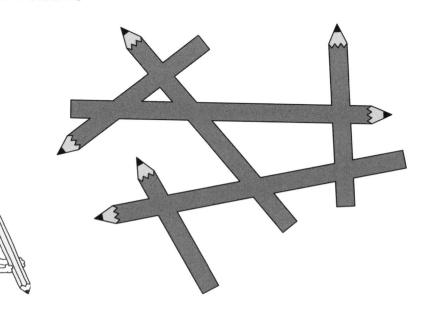

計算

正しいかけ算を作ろう

□ に数字のカードを入れて、

正しい式にしましょう。

同じカードは1回しか使えません。

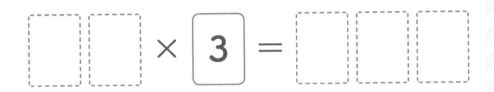

$$\boxed{}\boxed{} \times \boxed{3} = \boxed{}\boxed{}\boxed{}$$

1 2 ✓3 4 5 6

10分考えてもわからない場合は、次ページの 考え方の「道しるべ」へ。

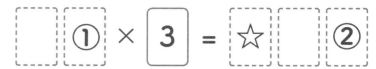

まずは、①と②に入る数字を考えてみましょう。①に1を入れると、②には3を入れなくてはいけません。①に5を入れると、②にも5を入れなくてはいけません。同じように調べていくと、①に入る数字は、4または2しかないことがわかります。

また、65×3＝195から、かけ算の結果は最大でも200をこえません。よって、☆に入る数字もわかります。

①が4の場合と2の場合、それぞれについて考えてみましょう。

13−② レベル ★★★☆☆ 　月　　日　　といた時間　　分

チャレンジ問題 もんだい

正しいかけ算を作ろう

□ に数字のカードを入れて、正しい式にしましょう。
同じカードは1回しか使えません。

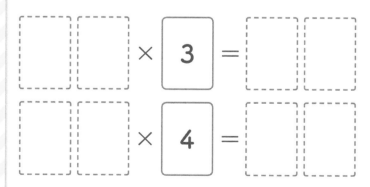

レベル ★★★★★

平面図形

シルエットパズルを完成させよう

ピースを組み合わせて、
シルエットの形を作りましょう。
ピースは回転させたり
うら返したりして使ってもかまいません。

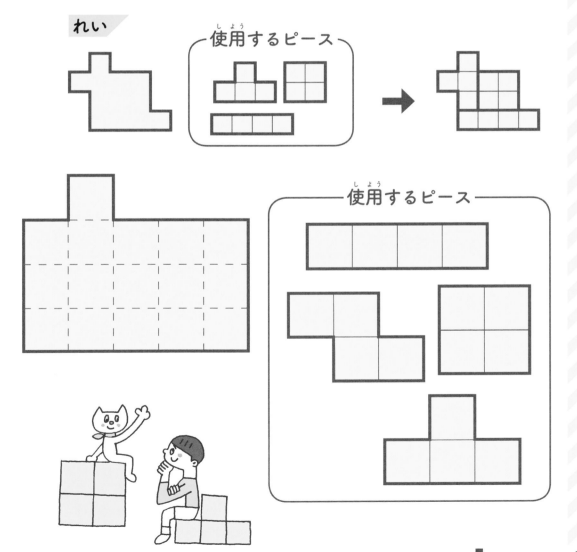

れい

使用するピース

使用するピース

10分考えてもわからない場合は、次ページの　考え方の「道しるべ」へ。

黄色のピースは、たてにおくとほかのピースがうまく入りません。よこ向きにおく場合、上の段に入れると1マスとりのこされてしまいます。真ん中の段に入れると、グレーのピースを入れる場所がなくなってしまいます。したがって、黄色のピースは下の段に入るとわかります。左によせた場合と右によせた場合それぞれについて、ほかのピースのおき方を考えてみましょう。

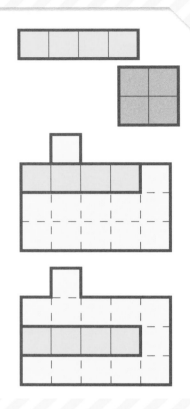

14 -② レベル ★★★☆☆　　月　　日　　といた時間　　分

チャレンジ問題 もんだい

シルエットパズルを完成させよう

ピースを組み合わせて、シルエットの形を作りましょう。
ピースは回転させたりうら返したりして使ってもかまいません。

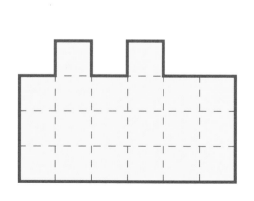

使用するピース

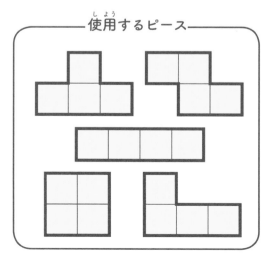

O型の人をあてよう

10人が輪になってすわり、
血えき型の話をしています。
A型が4人、O型が3人、B型が2人、
AB型が1人います。同じ血えき型の人が
となり合っているところはありません。
O型の3人をすべて答えてください。

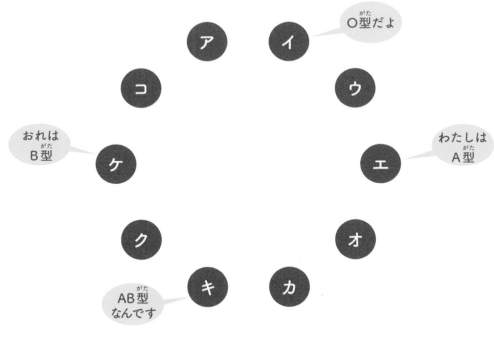

答え

10分考えてもわからない場合は、次ページの　考え方の「道しるべ」へ。

A型ののこり3人が入るところは、右のようにア、カ、ク、コのうちのどれかになります。同じ血えき型がとなり合うことはないので、カとクにはA型が入ります。同じようにして、O型が入るところを考えてみましょう。

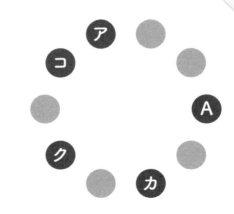

15 −②　レベル ★★★★☆　月　日　といた時間　分

チャレンジ問題 もんだい

O型の人をあてよう

10人が輪になってすわり、血えき型の話をしています。
A型が4人、O型が3人、B型が2人、AB型が1人います。
同じ血えき型の人がとなり合っているところはありません。
O型の3人をすべて答えてください。

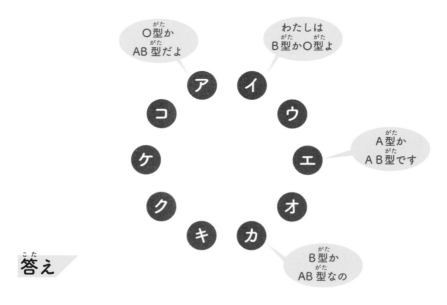

答え

作図

いろいろな図形を作ろう

図のような2まいの板を、

辺どうしぴったりつないで図形を作ります。

回転させたりうら返したりして重なるものは

同じとすると、できる図形は9通りです。

【れい】にあげた3つ以外の

6通りの図形をかいてください。

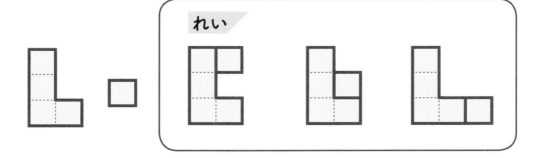

答え

【れい】の図のうち黄色の板に注目しましょう。どれもＬ字の板の右がわの辺に、正方形の黄色い板をつなげた図形になっています。ほかにも上がわ、下がわ、左がわにつなげた図形が考えられるので、整理してかき出してみましょう。

16 － ② レベル ★★★★☆　　月　　日　　といた時間　　分

チャレンジ問題 もんだい

いろいろな図形を作ろう

図のような２まいの板を、
辺どうしぴったりつないで図形を作ります。
回転させたりうら返したりして重なるものは同じとすると、
できる図形は８通りです。
【れい】にあげた３つ以外の５通りの図形をかいてください。

答え

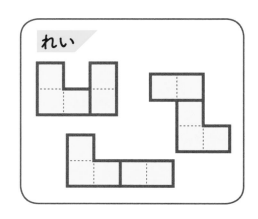

れい

その他

コインを3人で分けると？

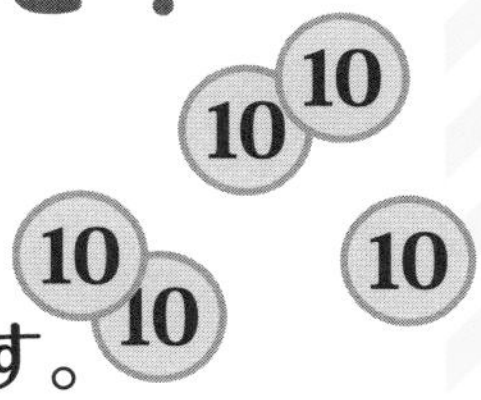

5まいの10円玉を3人で分けます。
1まいももらえない人はいないとします。
このとき、全員がちがう金がくになるように
分けることはできません。
ア～エに数字を入れて、
できない理由を答えてください。

コインは全部で【ア】まいです。
1まいももらえない人はいないので、
まずみんなに1まいずつわたします。
すると、のこりは【イ】まいになります。
これを1人にわたす場合、
もらわなかった【ウ】人が同じ金がくになります。
これをバラバラにわたす場合、
もらった【エ】人が同じ金がくになります。
なので、かならず同じ金がくをもらう人がいます。

答え

ア（　　）イ（　　）ウ（　　）エ（　　）

10分考えてもわからない場合は、次ページの　考え方の「道しるべ」へ。

3人がちがう金がくをもらうとすると、「10円・20円・30円」の組み合わせをまず思いつきますが、合計60円でないとこのように分けられません。合計が50円の場合、まず1人10円ずつもらったとすると、つぎのようになります。

（10）A君　（10）B君　（10）C君　（10）（10）あまり

あまりの20円をどのように分けても同じ金がくをもらう人がいることをたしかめてみましょう。

17 −② レベル ★★★☆☆ 月 日 といた時間 分

チャレンジ問題 もんだい

コインを5人で分けると？

10円玉3まい、50円玉2まい、100円玉1まいを5人で分けます。1まいももらえない人はいないとします。
このとき、全員がちがう金がくになるように分けることはできません。
ア〜エに数字を入れて、できない理由を答えてください。

コインは全部で【 ア 】まいです。

これを5人で分けると、1まいもらう人が【 イ 】人、

2まいもらう人が【 ウ 】人になります。

コインは【 エ 】しゅるいなので、【 イ 】人に1まいずつ分けると

かならず同じしゅるいのコインをもらう人がいます。

答え

ア（　　　）イ（　　　）ウ（　　　）エ（　　　）

レベル ★★★★★

書き出し

白黒の正方形タイルを使うと?

正方形のタイルを4まいならべて、

2×2の正方形を作ります。

タイルには白と黒の2しゅるいがあり、

どちらを何まい使ってもかまいません。

回転させて重なるものは同じとすると、

6通りの図形ができます。

【れい】以外の5通りをかいてください。

れい

この2つの図は回転させると
同じになります。

答え

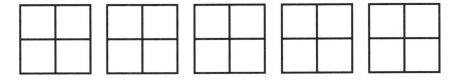

10分考えてもわからない場合は、次ページの 考え方の「道しるべ」 へ。

白と黒のタイルを何まいずつ使うかで整理してみましょう。白と黒のまい数は、右の表の5通りが考えられます。それぞれの組み合わせについて、タイルのならべ方を調べてみましょう。

白	黒
0まい	4まい
1まい	3まい
2まい	2まい
3まい	1まい
4まい	0まい

18 −②

レベル ★★★★★　　　月　　　日　　　といた時間　　　分

チャレンジ問題 もんだい

白黒の三角形タイルを使うと？

正三角形のタイルが4まいあります。白が3まいと黒が1まいです。

4まいをすべて辺でつなげて図形を作ります。

回転させたりうら返したりして重なるものは同じとすると、

6通りの図形ができます。

【れい】以外の5通りをかいてください。

れい

この3つの図は回転させたりうら返したりすると

どれも同じになります。

答え

レベル ★★★★★

平面図形

とう明なシートを重ねてみよう

とう明なシートに○がかかれています。

このうち3まいを重ねて、

9マスすべてに○が入るようにしてください。

シートを回転させたり

うら返したりしてはいけません。

どのシートを使えばよいか記号で答えてください。

（ア）

（イ）

（ウ）

（エ）

（オ）

（カ）

答え

10分考えてもわからない場合は、次ページの　考え方の「道しるべ」へ。

シートを3まい使ってすべてのマスに○を入れなくてはいけないので、○の位置は重なってはいけないことがわかります。

アからカの中で、右下のマスに○が入っているのはカだけです。よって、すべてのマスに○が入るようにするためには、カを使わなくてはいけません。カを使うことがわかったので、カの○と重ならないようにカードをえらんでいきましょう。

（カ）

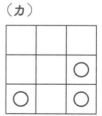

19 -②

レベル ★★★★★　　月　　日　　といた時間　　分

チャレンジ問題 もんだい

とう明なシートを重ねてみよう

とう明なシートに○がかかれています。このうち3まいを重ねて、9マスすべてに○が入るようにしてください。シートは回転させてもかまいません。どのシートを使えばよいか記号で答えてください。

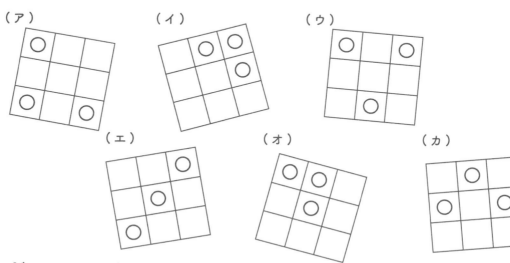

答え

レベル ★★☆☆☆

論理

しょうたの習い事は何？

同じクラスの４人が、習い事について話しています。

４人の習い事はバラバラで、

野球・サッカー・プログラミング・英会話です。

みんなの話から、しょうたの習い事は何かを

答えてください。

しょうた「ぼくは運動がにが手だから、

　　　　スポーツを習うことにしたんだ」

とおる「プログラミングも面白そう。習ってみたいな」

はるか「とおるはサッカーがうまいけど、

　　　　習っていないんだね」

あさみ「わたしは英会話を習っているの」

答え

	野球	サッカー	プログラミング	英会話
しょうた				
とおる				
はるか				
あさみ				

10分考えてもわからない場合は、次ページの 考え方の「道しるべ」へ。

あさみは英会話を習っています。とおるとはるかの話より、とおるはサッカーとプログラミングを習っていません。よって、表は右のようになり、とおるは野球を習っているとわかります。そのとき、しょうたとはるかはどうなるかを考えてみましょう。

	野球	サッカー	プログラミング	英会話
しょうた				×
とおる		×	×	×
はるか				×
あさみ	×	×	×	○

20 −② レベル ★★★★★ 月 日 といた時間 分

チャレンジ問題 もんだい

しょうたの塾の行き方は？

同じ塾に通っている4人が、どうやって塾に来たかを話しています。
4人の今日の交通手段はバラバラで、歩き、自転車、バス、電車でした。
みんなの話から、今日しょうたがどうやって塾に来たかを
答えてください。

しょうた「自転車がパンクしてたから、今日はのりもので来たんだ」

とおる「ぼくはいつも通りだよ。でも、もうちょっとでのりすごす
　　　　ところだったよ」

はるか「あさみの家はえきから
　　　　遠いからバスか自転車ね」

あさみ「とおるとは雨の日に
　　　　よく車内で会うね」

	歩き	自転車	バス	電車
しょうた				
とおる				
はるか				
あさみ				

答え

月_{がつ} 日_{にち} といた時間_{じかん} 分_{ふん}

しりとりゲームをしよう

あきらとさとるの2人_{ふたり}で

しりとりを使_{つか}ったゲームをします。

下_{した}の4しゅるいのおかしをかわりばんこに

とっていき、とれなくなったら負_まけです。

自分_{じぶん}の番_{ばん}ではしりとりになるようにとります。

一度_{いちど}とったおかしはもう使_{つか}えません。

あきらからはじめるとき、

あきらは最初_{さいしょ}に何_{なに}をとれば勝_かてるでしょうか。

ういろう	ウエハース
まんじゅう	すあま

答_{こた}え

10分_{ぷんかんが}考えてもわからない場合_{ばあい}は、次_{つぎ}ページの 考_{かんが}え方_{かた}の「道_{みち}しるべ」 へ。

しりとりでつながるものを矢じるしでつなぐと右の図のようになります。

あきらが勝つためには、おかし3つでしりとりが終わればいいので、まんじゅう、ウエハース、すあまの3つだけを使えばよいとわかります。

したがって、さとるにういろうをとらせなければよいですね。そのために、最初にとるおかしは何でしょうか。

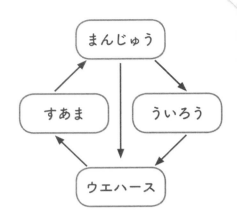

21 - ② レベル ★★★☆☆　　月　　日　といた時間　　分

チャレンジ問題

しりとりゲームをしよう

あきらとさとるの2人でしりとりを使ったゲームをします。
下の6しゅるいの動物をかわりばんこにとっていき、
とれなくなったら負けです。
自分の番ではしりとりになるようにとります。
一度とった動物はもう使えません。あきらからはじめるとき、
あきらは最初に何をとれば勝てるでしょうか。

うし	しまうま	くま
まんとひひ	ばく	ひょう

答え

数の性質

50を作るサイコロの目は？

つぎのようなきまりで2つの数からスタートし、
つぎつぎとたし算をしていきます。

れい

1と2からスタート

$$1 + 2 = 3$$
$$2 + 3 = 5$$
$$3 + 5 = 8$$
$$5 + 8 = 13$$
$$\vdots$$

サイコロを2つふって出た目を
最初の2つの数にしたところ、
計算の途中でちょうど50になりました。
1つめのサイコロの目は3でした。
2つめのサイコロの目は何だったでしょうか。

答え

10分考えてもわからない場合は、次ページの 考え方の「道しるべ」 へ。

1、2、3、5、8、13、21……

【れい】は前の2つの数字の和をならべていく数列になっています。

1つめの数字が3ときまっているので2つめの数字を1とすると、

「3、1、4、5、9、14、23、37、60……」と50をこえてしまいます。ほかの数字でもためしてみましょう。

22-② レベル ★★★★★ 月 日 といた時間 分

チャレンジ問題 もんだい

100を作るサイコロの目は？

つぎのようなきまりで2つの数からスタートし、つぎつぎとたし算をしていきます。

れい

1と2からスタート

$$1 + 2 = 3$$
$$2 + 3 = 5$$
$$3 + 5 = 8$$
$$5 + 8 = 13$$
$$\vdots$$

サイコロを2つふって出た目を最初の2つの数にしたところ、計算の途中でちょうど100になりました。2つのサイコロの目は何と何だったでしょうか。

答え

平面図形

図形のたし算をしよう

2つの板を組み合わせて、
同じ形になるようにしましょう。
板はそのままの向きで使います。

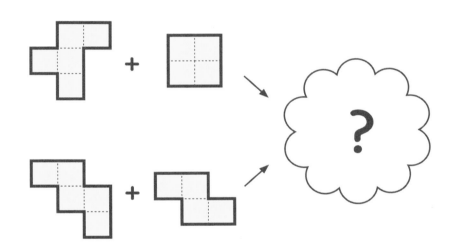

答え

10分考えてもわからない場合は、次ページの 考え方の「道しるべ」へ。

53

グレーの図形（5マスの板）の右がわ、左がわ、上がわ、下がわに黄色い図形（4マスの板）をくっつけた図をかいてみましょう。もう1つの組み合わせも同じように図をかいてみましょう。その中に同じ形はありましたか？

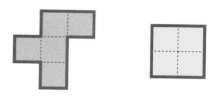

23−②

レベル ★★★★★　　月　　日　　といた時間　　分

チャレンジ問題 もんだい

図形のたし算をしよう

2つの板を組み合わせて、同じ形になるようにしましょう。
板は回転させて使ってもかまいません。

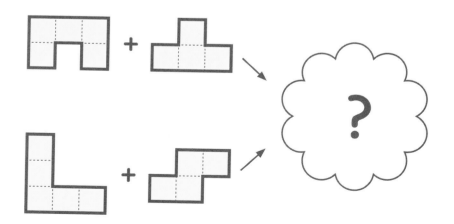

答え

レベル ★★★☆☆

並べ替え

くだものの値段をくらべよう

りんご1こはみかん1こより高く、
みかん1こはバナナ1本より高いです。
このとき、ア～オのおさらを値段の合計が
高いものから順にならべかえてください。

（ア）　　　　　（イ）　　　　　（ウ）

（エ）　　　　　（オ）

答え

10分考えてもわからない場合は、次ページの 考え方の「道しるべ」へ。

まず2つのくだものがのっているおさらをくらべてみましょう。どの
おさらもみかんが1つずつのっています。それ以外のくだものをくら
べると、オ、エ、アの順に高いことがわかりますね。

3つのくだものがのっているおさらをくらべると、りんごとバナナが
1つずつのっていますね。それ以外のくだものをくらべると、ウ、イ
の順に高いとわかります。さて、イとオをくらべたときにどちらが高
いでしょうか。

24 -② レベル ★★★★☆ 月 日 といた時間 分

チャレンジ問題 もんだい

くだものの値段をくらべよう

りんご1ことみかん2こ、バナナ3本の値段は同じです。
このとき、ア〜オのおさらを値段の合計が高いものから順に
ならべかえてください。

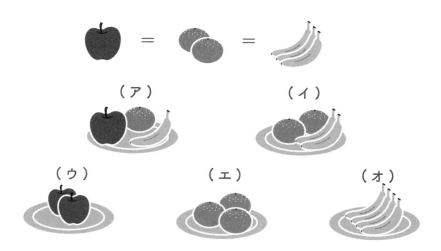

答え

25 -①

論理

4人のトランプの数字は？

4人がトランプを1まいずつひいたところ、
4まいの数字はバラバラでした。
みんなの話から、4人がひいたカードの数字を
すべて答えてください。

あいこ「わたしのカードは6でした」
かつや「たかこの3倍の数だったよ」
さつき「3をひいた人はいなかったよ」
たかこ「さつきとは1つちがいだったわ」

　　　あいこ　…　（　　　　　　）

　　　かつや　…　（　　　　　　）

　　　さつき　…　（　　　　　　）

　　　たかこ　…　（　　　　　　）

10分考えてもわからない場合は、次ページの 考え方の「道しるべ」へ。

かつやの話より、かつやのカードは3の倍数とわかります。あいことさつきの話から、かつやのカードは9か12だとわかります。もし、かつやのカードが9だとすると、たかこのカードは3になります。これはさつきの話と合いません。

よって、かつやのカードは12ときまります。

25-② レベル ★★★★☆ 月 日 といた時間 分
チャレンジ問題 もんだい

4人のトランプのマークと数字は?

4人がトランプを1まいずつひいたところ、
マークも数字もバラバラでした。
みんなの話から、4人がひいたカードのマークと数字を
すべて答えてください。

あいこ 「ダイヤの数はクラブの2倍、スペードの数は
　　　　 ハートの2倍だね」

かつや 「ぼくのカードは4です」

さつき 「わたしは絵ふだだったわ」

たかこ 「わたしのカードはスペードだったよ」

スペード
ハート
ダイヤ
クラブ

あいこ… マーク (　　　　)・数字 (　　　　)

かつや… マーク (　　　　)・数字 (　　　　)

さつき… マーク (　　　　)・数字 (　　　　)

たかこ… マーク (　　　　)・数字 (　　　　)

書き出し

正方形と正三角形のタイルをならべよう

正方形のタイルが1まいと

正三角形のタイルが3まいあります。

1辺の長さはすべて同じです。

この4まいのタイルを、

辺どうしぴったり合わせてならべます。

回転させたりうら返したりして重なるものは

同じとすると、ならべ方は7通りあります。

【れい】にあげた3つ以外の

4通りのならべ方をかいてください。

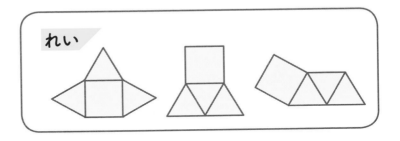

れい

答え

正三角形どうしがくっつかないようにならべるには、
【れい】にあがっている右上の図しかないことに気づ
いたでしょうか。これに気づければ、のこりの図形は
正三角形どうしがくっついているとわかります。正三
角形どうしが3つくっついている図があと1つ、正三
角形が2つくっついている図があと3つあります。
正三角形どうしが2つくっついている図の1つは、右
下のようになります。のこりの図も考えてみましょう。

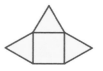

26 −② レベル ★★★★★ 　月　　日　といた時間　　分

チャレンジ問題 もんだい

正方形と正三角形のタイルをならべよう

正方形のタイルが3まいと正三角形のタイルが
1まいあります。1辺の長さはすべて同じです。
この4まいのタイルを、辺どうしぴったり合わせてならべます。
回転させたりうら返したりして重なるものは同じとすると、
ならべ方は11通りあります。
【れい】にあげた3つ以外の8通りのならべ方をかいてください。

答え

れい

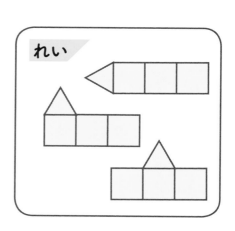

立体図形

矢じるしの向きはどうなる？

おもてとうらに矢じるしがかかれた板があります。
下の図は、太い線を中心に板を
うら返したときのようすです。

「？」にはどの向きの矢じるしが入るでしょうか。

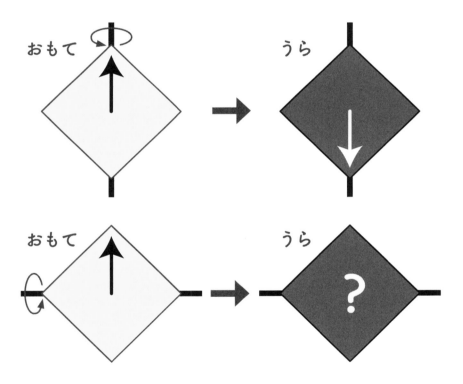

おもて → うら

答え

板のうらの矢じるしがどの向きなのか考えてみましょう。

上の図をもとに、うらの矢じるしの向きを考えると右のようになります。うらの矢じるしが回転すると、どの向きになるか考えてみましょう。

27 −② レベル ★★★★★ 月 日 といた時間 分
チャレンジ問題 もんだい

矢じるしの向きはどうなる？

おもてとうらに矢じるしがかかれた板があります。

下の図は、太い線を中心に板をうら返したときのようすです。

「？」にはどの向きの矢じるしが入るでしょうか。

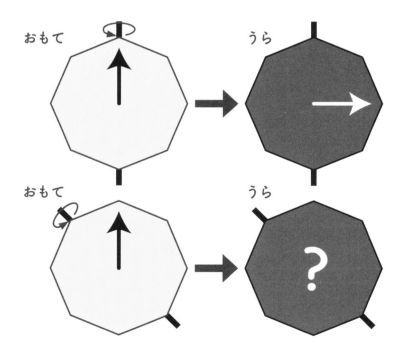

答え

並べ替え

図形のまわりの長さをくらべよう

下の5つの図形を、まわりの長さが長いものから順にならべてください。

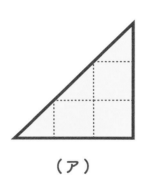

（ア）

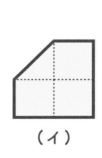

（イ）

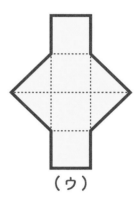

（ウ）

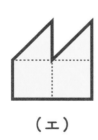

（エ）

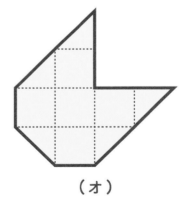

（オ）

答え

10分考えてもわからない場合は、次ページの 考え方の「道しるべ」へ。

たて・よこの線とななめの線を分けて考えてみましょう。たて・よこの線とななめの線の数を表にまとめると下のようになります。

	ア	イ	ウ	エ	オ
たて・よこの線	6	6	6	6	6
ななめの線	3	1	4	2	5

たて・よこの線の数が同じものどうしをくらべると、ななめの線の数で長さをくらべられます。

28-② レベル ★★★★★ 月 日 といた時間 分

チャレンジ問題

図形のまわりの長さをくらべよう

下の5つの図形を、まわりの長さが長いものから順にならべてください。

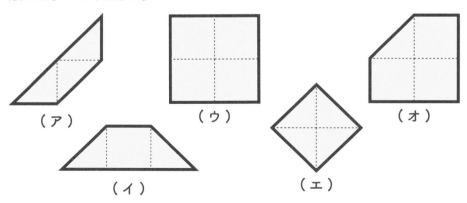

（ア） （ウ） （オ）
（イ） （エ）

答え

レベル ★★★☆☆

おもりの重さを考えよう

３つのおもりがあります。下の図は、
これらのおもりから２つずつはかりに
のせたところです。
３つのおもりの重さはそれぞれ何グラムでしょうか。

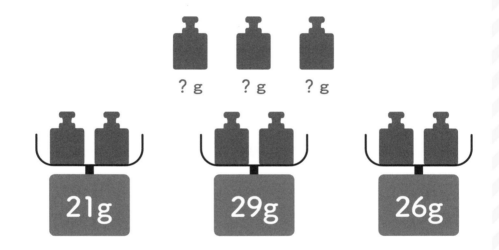

? g　　? g　　? g

21g　　29g　　26g

答え

おもりに①、②、③と番号をふると、はかりにのったおもりは下の図のようになっていると考えられます。すべてのはかりの重さをたしたものは、それぞれのおもり2つずつの重さの合計に等しいです。

つまり、①①＋②②＋③③＝76gとわかります。

したがって、①＋②＋③＝76÷2=38gです。

これを利用して、おもり1つ1つの重さを考えましょう。

29-② レベル ★★★★☆　月　日　といた時間　分

チャレンジ問題 もんだい

おもりの重さを考えよう

4つのおもりがあります。
下の図は、これらのおもりのうち

3つずつはかりにのせたところです。

4つのおもりの重さはそれぞれ何グラムでしょうか。

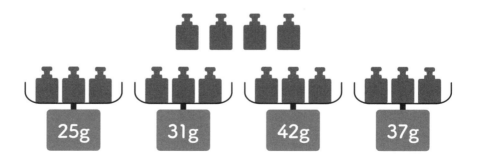

答え

論理

クイズに正解したのはだれ？

おたのしみ会でクイズをしました。

クイズは○か×のどちらかが正解です。

みんなの話から、正解した人を答えてください。

きょうこ「正解は○でした」

しんじ「ざんねん、まちがえた」

たかし「きょうこの答えをまねしたんだ」

みつる「正解したのは1人だけか」

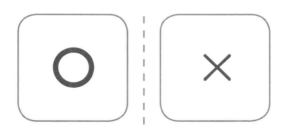

答え

きょうことしんじの話より、しんじは×をえらんだとわかります。

また、たかしの話より、きょうことたかしは同じものをえらんでいます。

みつるの話から○をえらんだのは1人なので、きょうことたかしがどちらをえらんだかわかりますね。

30 −② レベル ★★★★★ 月 日 といた時間 分

チャレンジ問題 もんだい

クイズに正解したのはだれ？

おたのしみ会でクイズをしました。

クイズはAかBのどちらかが正解です。

みんなの話から、正解した人をすべて答えてください。

きょうこ「わたしはAと答えたわ」

りえ「むずかしい問題だったね」

しんじ「物知りのりえと同じ答えにしたけど、まちがってた」

たかし「ほかの人の答えを見てから、少ないほうをえらんだよ」

みつる「やったー、正解だ！」

答え

その他

ボートで川をわたろう

4人がボートで、向こうぎしにわたります。
ボートは2人がぎりぎりのれる大きさです。
できるだけ少ない回数で全員がわたるとき、
ボートは何回川をわたるでしょうか。

答え

10分考えてもわからない場合は、次ページの 考え方の「道しるべ」 へ。

ボートで向こうぎしにわたったあと、だれかがボートをこちらがわに
もどさなければいけません。向こうぎしにわたる人数がもどる人数よ
り多くなければ、向こうぎしにいる人数はふえていきません。人数が
どうかわっていくかを書いてたしかめてみましょう。

31 −② レベル ★★★★★ 月 日 といた時間 分

チャレンジ問題 もんだい

ボートで川をわたろう

大人2人と子ども2人がボートで向こうぎしにわたります。
ボートは大人1人がぎりぎりのれる大きさで、
子どもなら2人のれます。
子どもだけでもボートをこぐことはできます。
できるだけ少ない回数で全員がわたるとき、
ボートは何回川をわたるでしょうか。

答え

レベル ★★★☆☆

数の性質

2ケタの数をもとめよう

ある2ケタの数ＡＢは、

各ケタの数をたし合わせたものの

ちょうど5倍になっています。

ＡＢをもとめてください。

$$(A+B) \times 5 = AB$$

答え

ある数に5をかけてできる数は、かならず一の位が0か5になります。

Bが0だとすると、たとえばAB＝30のとき、

（A＋B）×5＝（3＋0）×5＝15となり、計算の結果がABになりません。

一の位が0のとき、（A＋B）×5の計算の結果は AB よりつねに小さくなってしまいます。よって、B＝5とわかります。

32 －② レベル ★★★★★ 月 日 といた時間 分

チャレンジ問題

3ケタの数をもとめよう

ある3ケタの数ABCは、
各ケタの数をかけ合わせたものの
ちょうど5倍になっています。
ABCをもとめてください。

$$A \times B \times C \times 5 = ABC$$

答え

立体図形

ペンキブロックをバラバラにすると？

4つの立方体を組み合わせた図形に
ペンキで色をぬりました。
そのあと、立方体の向きをかえずに
バラバラにしました。
「?」に入る図形を下の4つから
えらんでかいてください。

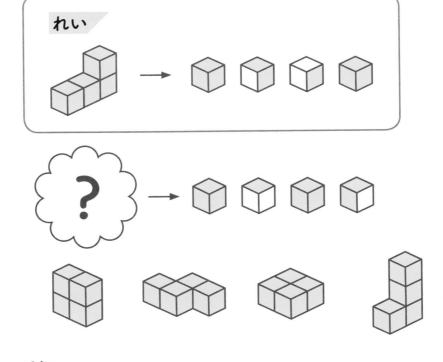

答え

10分考えてもわからない場合は、次ページの 考え方の「道しるべ」 へ。

73

たとえば、一番左がわの図形を下のように1つずつ立方体をはずして考えてみましょう。

それぞれの立方体のぬられた面は問題のものと同じではないので、「?」に入る図形ではないことがわかります。ほかの図形も同じようにバラバラにした図をかき出してみましょう。

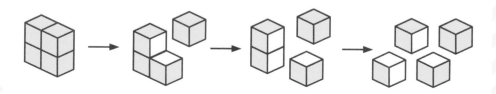

33 -② レベル ★★★★★ 月 日 といた時間 分

チャレンジ問題 もんだい

ペンキブロックをバラバラにすると？

4つの立方体を組み合わせた図形にペンキで色をぬりました。
そのあと、立方体の向きをかえずにバラバラにしました。
「?」に入る図形を右の4つからえらんでかいてください。

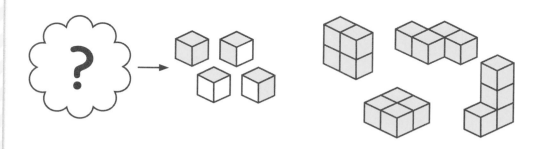

答え

74

コインとりゲームをしよう

あきらとさとるの2人で
コインを使ったゲームをします。
100円玉が3まい、10円玉が4まい、
1円玉が5まいあります。
かわりばんこにコインをとっていき、
とれなくなったら負けです。
自分の番では2しゅるいのコインを
かならず1まいずつとらないといけません。
あきらからはじめるとき、あきらは最初に
どのコインをとれば勝てるでしょうか。

| 100 | 10 10 | 1 1 |
| 100 100 | 10 10 | 1 1 1 |

答え

10分考えてもわからない場合は、次ページの 考え方の「道しるべ」へ。

コインがのこり1しゅるいになるようにとった人の勝ちです。それぞれのコインの最後の1まいをとるのは、100円玉と1円玉は奇数まいなので奇数回目にとった人、10円玉は偶数まいなので偶数回目にとった人だとわかります。

したがって、あきらが最初に、2しゅるいのあるコインをとれば、さとるがとった組み合わせと同じ組み合わせをとりつづけることで、すべてのコインの最後の1まいをとることができます。

34-② レベル ★★★★☆　月　日　といた時間　分

チャレンジ問題もんだい

コインとりゲームをしよう

あきらとさとるの2人でコインを使ったゲームをします。

100円玉が4まい、10円玉が5まい、1円玉が6まい

あります。かわりばんこにコインをとっていき、

とれなくなったら負けです。

自分の番では何しゅるいのコインをとってもよいですが、

同じコインは1まいしかとれません。

あきらからはじめるとして、

あきらは最初にどのコインをとれば勝てるでしょうか。

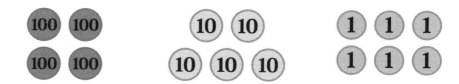

答え

4人の時計はどれ？

4人が自分の時計について話しています。

4人の時計はア、イ、ウ、エのどれかです。

みんなの話から、下の表に○と×を

書き入れてください。

よしお「ぼくの時計はぴったり3時をさしているよ」

さおり「合っている時計があるけど、わたしのじゃないわ」

たけし「わざと5分進めているんだ」

ゆうな「本当の時間はまだ3時前よ」

	ア	イ	ウ	エ
よしお				
さおり				
たけし				
ゆうな				

（ア）　（イ）

（ウ）　（エ）

10分考えてもわからない場合は、次ページの 考え方の「道しるべ」へ。

よしおはアの時計をもっています。ゆうなの話より、合っている時計はイかエのどちらかになります。

合っている時計がイだとすると、5分進めている時計はアになり、たけしとよしおの時計が同じになってしまいます。

合っている時計がエだとするとどうでしょうか。5分進めている時計がイときまり、たけしのものだとわかります。表は右のようになります。

	ア	イ	ウ	エ
よしお	○	×	×	×
さおり	×	×		×
たけし	×	○	×	×
ゆうな	×	×		

35 −② レベル ★★★★☆ 月 日 といた時間 分

チャレンジ問題 もんだい

だれの時計かあてよう

4人が自分の時計について話しています。
4人の時計はア、イ、ウ、エのどれかです。
みんなの話から、アはだれの時計か答えてください。

（ア）

PM 4:15
（イ）

（ウ）

16：20
（エ）

よしお「おれのはぴったり合ってるぜ」

さおり「それじゃあ、わたしの時計は
　　　　10分おくれているみたい」

たけし「ぼくの時計は5分ずれているよ」

ゆうな「わたしの時計はデジタル時計よ」

答え

	ア	イ	ウ	エ
よしお				
さおり				
たけし				
ゆうな				

数の性質

2人で分けられない理由は？

1～6このあめの入ったふくろがあります。

これを、あめの数が同じになるように

2人で分けたいのですが、どうしてもできません。

ア～イに数字を入れて、

できない理由を答えてください。

あめの数は全部で【 ア 】こです。

2人が同じ数のあめをもらうとすると、

2人分のあめの数は1人分の【 イ 】倍になります。

しかし、【 ア 】は【 イ 】でわり切れないので、

そのような分け方はありません。

答え　ア（　　　）イ（　　　）

10分考えてもわからない場合は、次ページの 考え方の「道しるべ」 へ。

全体の数に注目してみましょう。すべてのふくろの中に入っているあめの合計が奇数の場合は、2人で分けることはできません。全部でいくつあるか数えて、偶数なのか奇数なのかたしかめてみましょう。

36-② レベル ★★★★★ 月 日 といた時間 分

チャレンジ問題 もんだい

計算式を作れない理由は？

下の3つの式の ▢ に数字カードを1まいずつおいて、
正しい式を作ることはできません。
ア〜エに数字を入れて、できない理由を答えてください。

▢ + ▢ = ▢
▢ + ▢ = ▢
▢ + ▢ = ▢

| 1 | 2 | 3 | 4 |

| 5 | 6 | 7 | 8 | 9 |

カードの数字をすべてたすと【 ア 】になります。

「＝」の左と右は同じ数になっているので、「＝」の

左に入る【 イ 】まいの合計と、「＝」の右に入る

【 ウ 】まいの合計は同じでなければなりません。

しかし、【 ア 】は【 エ 】でわり切れないので、

そのようなおき方はありません。

答え　　ア（　　　）イ（　　　）ウ（　　　）エ（　　　）

月　日　といた時間　分

スタンプラリーにちょうせん

スタート地点で台紙をもらい、

チェックポイントを通ってスタンプをあつめます。

1400メートル歩いてすべてのスタンプを

あつめました。

どんなルートを通ったのでしょうか。

同じチェックポイントは一度しか

通りませんでした。

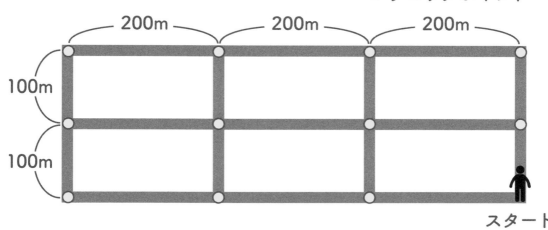

○ チェックポイント

スタート

10分考えてもわからない場合は、次ページの 考え方の「道しるべ」 へ。

よこのチェックポイントに行くには 200 メートル、たてのチェックポイントに行くには 100 メートルの道を通ります。チェックポイントは 11 こあるので、すべてのチェックポイントを通るためには、11 本の道を通る必要があります。

11 本すべてが 100 メートルの道なら、歩いた道のりは 1100 メートルになります。たての道 1 本をよこの道にかえると 100 メートル多く歩くことになります。よって、1400 メートル歩いてすべてのチェックポイントを通るためには、(1400−1100) ÷ (200−100)= 3 で、よこの道を 3 回通ることがわかります。

37 −② レベル ★★★★★ 月 日 といた時間 分

チャレンジ問題 もんだい

スタンプラリーにちょうせん

スタート地点で台紙をもらい、
チェックポイントを通ってスタンプをあつめます。
2400 メートル歩いてすべてのスタンプをあつめました。
どんなルートを通ったのでしょうか。
同じチェックポイントは一度しか通りませんでした。

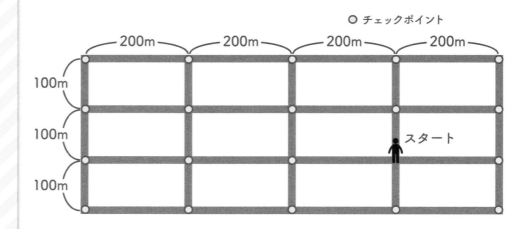

○ チェックポイント

コロコロめいろでゴールをめざそう

上の面にペンキをぬった立方体があります。

これをスタートから、すべらせることなく

転がしてゴールまで行きましょう。

ただし、ペンキの面が地面についてはいけません。

同じマスを通るのは一度だけで、

グレーのマスは通れません。

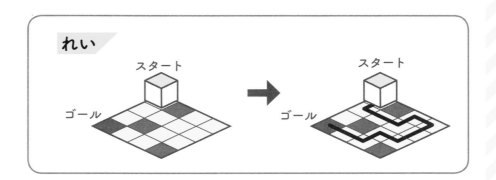

れい

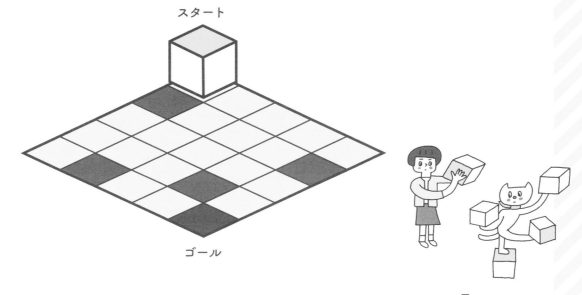

スタート

ゴール

10分考えてもわからない場合は、次ページの 考え方の「道しるべ」へ。

ペンキの面が上にあるとき、前後左右の4方向どこにでも転がすことができます。ペンキの面が右にあるとき、右以外の3方向に転がすことができます。ペンキの面がどこにあるかをマス目に書いていきながら、どの道を通れるかたしかめていきましょう。

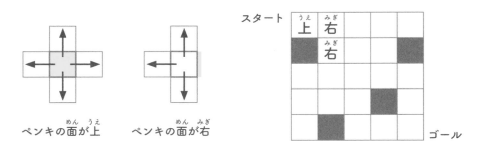

ペンキの面が上　　ペンキの面が右

38 -② レベル ★★★★★ 月 日 といた時間 分

チャレンジ問題 もんだい

コロコロめいろでゴールをめざそう

サイコロを2つくっつけた形の直方体があります。

これをスタートからすべらせることなく転がし、

ゴールのマスに立たせてください。

同じマスを通るのは一度だけで、グレーのマスは通れません。

途中までは下のように転がしました。

つづきを同じように書きこんでください。

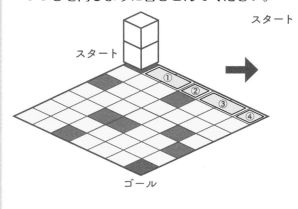

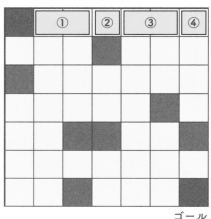

コマを動かすゲームをしよう

あきらとさとるの2人で

コマを使ったゲームをします。

スタートにおかれたコマを

かわりばんこに1マスか2マス動かしていき、

ゴールのマスにコマを動かした人の勝ちです。

あきらから動かすとき、

あきらは最初にどう動かせば勝てるでしょうか。

スタート

ゴール

答え

10分考えてもわからない場合は、次ページの 考え方の「道しるべ」 へ。

あきらは★のマスに止まることができれば、さとるが1マス進んでも2マス進んでも勝つことができます。★のところに止まるためにはどうしたらよいかを考えてみると、△のマスに止まればよいとわかりますね。

同じようにして、勝つために止まるマスを調べてみましょう。

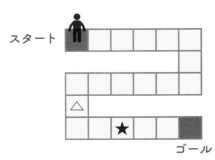

39-② レベル ★★★★★　　月　　日　　といた時間　　分

チャレンジ問題 もんだい

コマを動かすゲームをしよう

あきらとさとるの2人でコマを使ったゲームをします。
図のようなマス目の左上におかれたコマをかわりばんこに
動かしていき、ゴールにコマを動かした人の勝ちです。
コマは右どなり、1マス下、右ななめ下のどこかに動かします。
あきらから動かすとき、あきらは最初にどう動かせば勝てるでしょうか。

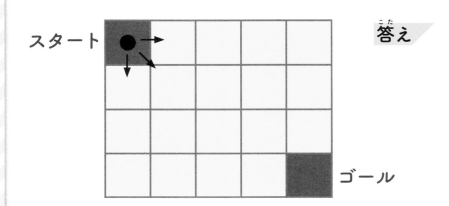

答え

レベル ★★★★☆

ゲーム

かけ算のゲームをしよう

あきらとさとるの2人で
かけ算を使ったゲームをします。
最初の数字の1に、かわりばんこに2か3を
かけていき、30をこえてしまったら負けです。
あきらからはじめるとき、
あきらは最初にどうすれば勝てるでしょうか。
ア〜ウに数字を入れて、勝つ方法を説明してください。

れい

	かけた数	途中けいか
あきら	×2	2
さとる	×2	4
あきら	×3	12
さとる	×2	24
あきら	×2	48

→30をこえたのであきらの負けです。

相手に30をこえさせるためには、自分の番で
16〜30にすればよいです。16〜30にするためには、
相手に6〜15にさせればよいです。6〜15にさせる
ためには、自分の番で【ア】〜【イ】にすればいい
ことになります。最初に【ウ】をかけて【ウ】にすれば、
相手が2をかけても3をかけても、
6〜15の数になるので勝つことができます。

答え　ア（　　　　）　イ（　　　　）　ウ（　　　　）

10分考えてもわからない場合は、次ページの 考え方の「道しるべ」 へ。

16 ～ 30 に 2 をかけても 3 をかけても 30 をこえてしまうので、16 ～ 30 の数を先に作ったほうが勝ちです。

そこで、2 をかけて 16 ～ 30 になる数を考えてみると、もとの数が 8 ～ 15 であれば、2 をかけることで 16 ～ 30 にすることができるとわかります。同じように 3 をかけて 16 ～ 30 になる数を考えてみると、もとの数が 6 ～ 10 であれば、3 をかけることで 16 ～ 30 にすることができます。

よって、相手の番のときに数字が 6 ～ 15 になれば、自分の番で 2 または 3 をかけることで、16 ～ 30 を作ることができるとわかります。

40 -② レベル ★★★★★   月   日   といた時間   分

チャレンジ問題 もんだい

かけ算のゲームをしよう

あきらとさとるの 2 人でかけ算を使ったゲームをします。

最初の数字の 1 に、かわりばんこに 2 か 3 をかけていき、100 をこえてしまったら負けです。

あきらからはじめるとき、

あきらは最初にどうすれば勝てるでしょうか。

| ×2 | | ×3 |

答え

解答

1-①

点線の正方形で図をくぎって、それぞれの図形が正方形いくつ分なのかを調べると以下のようになります。

アは4マスと半分
イは6マス分
ウは5マス分
エは5マスと半分
オは6マスと半分

答え オ、イ、エ、ウ、ア

1-②

下のように図形を分けて、正方形何マス分か数えてみます。
三角形は長方形の半分の大きさです。また、オは黄色の部分までふくめた図形の大きさを調べて、黄色の部分を引き算すると実際の大きさがわかります。

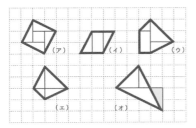

アは5マス分
イは4マス分
ウは5マスと半分
エは4マスと半分
オは6マス分

答え オ、ウ、ア、エ、イ

2-①

十の位にはちがう数字が入るので、くり上がっていると考えられます。よって、となり合う数字の5と6が入ります。したがって、答えは次のようになります。

答え

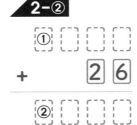

2-②

① □ □ □
+ ２ ６
② □ □ □

各カードは1枚ずつしかないため、①と②はちがう数字であるとわかります。つまり、この4ケタの数字は26をくわえたことでくり上がっています。
したがって、26をくわえて千の位がくり上がるためには、①の右がわには9が入らなくてはならず、②の右がわは0と決まります。さらに、①と②では②が1だけ大きいとわかります。以下の2パターンについて、カードを置くところを調べると答えがわかります。

答え

$$4987 + 26 = 5013$$

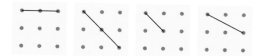

3-①

ななめに引いた線は、次の3つのパターンになります。

答え

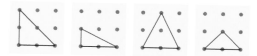

3-②

まちがいがないように数えるために、次のように分けて考えましょう。
○長さ1のよこ線を使う
○長さ2のよこ線を使う
○ななめの線だけを使う

○長さ1のよこ線を使うとき
ウ、エを使って作る三角形とオ、カを使って作る三角形は同じ形です。よって、アからエの頂点を使って4種類の三角形を作ることができます。

○長さ2のよこ線を使うとき
ア、イを使って作る三角形とオ、カを使って作る三角形は同じ形です。よって、アからエの頂点を使って4種類の三角形を作ることができます。

○ななめの線だけを使うとき
次の三角形を作ることができます。

以上の中から、回転させて重なるものと、すでに【れい】であがっているものをのぞくと、答えは次のようになります。

答え

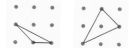

4-①

考え方の「道しるべ」のような整理の仕方を、「樹形図」とよびます。
「は」で始まることばと同様に、「か」で始まることばも4つ見つかります。

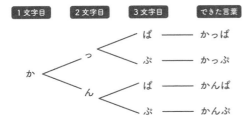

答え

はんぱ・はんぷ・かっぱ・かっぷ・かんぱ・かんぷ

4-②

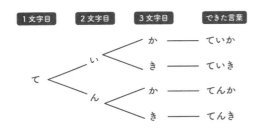

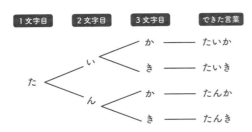

答え

ていか・ていき・てんか・てんき・たいか・たいき・たんか・たんき

5-①

考え方の「道しるべ」のような考え方を「背理法」とよびます。

順番に考えていくと、連続しておもてが出たのは1回目と2回目です。さらに、

3回目はうらと決まります。

1回目	2回目	3回目	4回目	5回目
おもて	おもて	うら	うら	

「同じ面が3回以上つづいたことはなかった」ので、5回目はおもてになります。

答え

1回目	2回目	3回目	4回目	5回目
おもて	おもて	うら	うら	おもて

5-②

3回目がおもてであることから、3回続けてうらが出たのは4，5，6回目、または5，6，7回目、または6，7，8回目であると考えられます。7回目と8回目は同じ面が出たことと、同じ面が4回以上続いたことはなかったことから、次の2通りが考えられます。

①

1回目	2回目	3回目	4回目	5回目	6回目	7回目	8回目
		おもて	うら	うら	うら	おもて	おもて

②

1回目	2回目	3回目	4回目	5回目	6回目	7回目	8回目
		おもて		おもて	うら	うら	うら

1回目と2回目はちがう面が出たので、1回目と2回目にはおもてとうらが1回ずつ入ります。①では、1回目と2回目におもてを1回入れると、おもての出た回数が4回になってしまい、ヒントに合いません。したがって、②だとわかります。おもてが4回にならないようにのこりの

回を考えると、答えは次のようになります。

答え

1回目	2回目	3回目	4回目	5回目	6回目	7回目	8回目
うら	おもて	おもて	うら	おもて	うら	うら	うら

6-①

下から1段ずつバラバラにすると、以下のようになります。

ア

イ
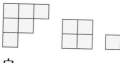

ウ

エ

オ
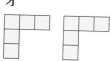

よって、アは4＋4＝8個、イは6＋4＋1＝11個、ウは5＋1＋1＝7個、エは9個、オは5＋5＝10個となります。

答え　イ、オ、エ、ア、ウ

6-②

上から1段目、2段目、3段目、4段目と切っていくと、下の図のようになります。

1段目　　2段目　　3段目　　　　4段目
①②③④　⑦⑧⑨⑩
⑤⑥　　⑪⑫

立方体がつながっている部分を整理していくと、見えない部分がどうなっているのか確かめることができます。
3段目の⑥は4段目のブロックとつながることができないので、3段目の③とつながります。4段目の⑪は3段目のブロックとつながることができないので、4段目の⑦とつながります。そうすると3段目の①は4段目の⑦とつながることができないので、同じ段の②とつながります。④と⑩、⑤と⑫はそれぞれつながっているので、のこりの⑧と⑨がつながることになります。

1段目　　2段目　　3段目　　　4段目

答え　ア…2、イ…4、ウ…3

7-①

1～4を使って作れる2ケタの数で最大のものは43、最小のものは12です。

答え　43 － 12 ＝ 31

7-②

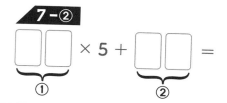

なるべく大きい２ケタの数字を作るためには、十の位を大きくすればよいです。そこで、十の位が一の位よりも大きくなるような数字の組み合わせを調べると、以下のようになります。

①	②
43	21
42	31
41	32
32	41
31	42
21	43

それぞれの場合について問題の式を計算すると、①が42、②が31のとき、計算の結果は241で最大になります。
一見すると、なるべく大きい数を作って5をかけたほうがいいように思えますね。しかし、42×5と43×5では計算結果が5しかちがいませんが、21と31では10もちがいます。
したがって、1〜4を使って作れる2ケタの数で2番目に大きい42に5をかけたときが最大となります。

答え
42 × 5 + 31 = 241

8-①

グー，チョキ，パーのそれぞれが勝つとき、勝つのが１人だけのときと２人だけのときの２通りが考えられます。

答え
グー・チョキ・チョキ
グー・グー・チョキ
チョキ・パー・パー
チョキ・チョキ・パー
パー・グー・グー
パー・パー・グー

8-②

出た手が２種類だけのときは、勝ち負けが決まってしまいます。したがって、出た手が１種類か３種類のときにあいこになります。

答え
グー・グー・グー・グー
チョキ・チョキ・チョキ・チョキ
パー・パー・パー・パー
グー・グー・チョキ・パー
グー・チョキ・チョキ・パー
グー・チョキ・パー・パー

9-①

「15は□でわり切れる」という文を正しくするように数字を入れると、3が入ることがわかります。のこった4と6で「24は6でわり切れる」という文を作ることができます。

答え
１５は３でわり切れる
２４は６でわり切れる

9-②

一の位が1，2，3であるような5でわり切れる数はありません。したがって、5は十の位に入るとわかります。51は3でわれますが、3はすでに使われています。53はどんな数でもわれません。よっ

て、真ん中の文は「52 は 4 でわり切れる」だとわかります。

次に、一番上の文に注目してみると、61,71,81,91 が考えられます。81 は 9 で、91 は 7 でわり切れます。それぞれのとき、のこった数字が当てはまるかを調べると、答えは次のようになります。

答え

81 は 9 でわり切れる
52 は 4 でわり切れる
63 は 7 でわり切れる

10-①

しょうた、とおる、はるかの 3 人の話をまとめると、次のようになります。

	1年生	2年生	3年生	4年生
しょうた	×		×	
とおる		×	×	
はるか	×	×	○	×
あさみ			×	

しょうたは 2 年生か 4 年生です。しょうたが 4 年生だとすると、あさみは 3 年生ではないので「1 学年ちがう」という話と合いません。よって、しょうたは 2 年生とわかります。のこりのマスもうめると、答えは次のようになります。

答え

	1年生	2年生	3年生	4年生
しょうた	×	○	×	×
とおる	×	×	×	○
はるか	×	×	○	×
あさみ	○	×	×	×

10-②

6 人の話から表をうめると下のようになります。

	低学年		中学年		高学年	
	1年生	2年生	3年生	4年生	5年生	6年生
ひとし	×	×	×	×		
ふみこ	×	×	○	×	×	×
みつお			×			
よつば			×	×		
いつき			×			
むつみ	×	×	×			

表より、ひとしは 5 年生か 6 年生しかありえません。ひとしが 5 年生だとすると、いつきとむつみの 2 人はとなり合った学年にすることができなくなってしまいます。

したがって、ひとしは 6 年生、いつきは 5 年生、むつみは 4 年生とわかります。みつおとよつばの話より、みつおは 2 年生、よつばは 1 年生とわかります。

答え　2年生

11-①

ノートを買わない場合、次に値段が高いけしゴムを買うことを考えます。けしゴムを 3 個買うとき、120 円ちょうどになります。けしゴムを 2 個買うとき、のこりは 40 円です。えんぴつをちょうど 40 円になるように買うことはできません。よって、けしゴム 2 個を買うと、ちょうど 120 円にはできません。けしゴムを 1 個買うとき、のこりは 80 円です。これもやはりちょうど 120 円にできません。

ノートもけしゴムも買わない場合、えんぴつ 4 本で 120 円ちょうどにすることができます。したがって、答えは次のよう

になります。

ノート・ノート
ノート・えんぴつ・えんぴつ
けしゴム・けしゴム・けしゴム
えんぴつ・えんぴつ・えんぴつ・えんぴつ

11 -②

値段の高いチョコレートを買う場合から
考えます。チョコレートは最大で3つ買
うことができます。

○チョコレートを3つ買うとき
（チョコ・チョコ・チョコ）が考えられま
す。

○チョコレートを2つ買うとき
のこり50円なので、ガムを1つ、あめ
を1つ買うとちょうど150円になりま
す。したがって、（チョコ・チョコ・ガム・
あめ）が考えられます。

○チョコレートを1つ買うとき
のこり100円なので、ガムを最大3つ買
うことができます。
ガムを3つ買うと、のこり10円となり
ます。しかし、10円のおかしはないので、
ガムを3つ買うとちょうど150円にでき
ません。
ガムを2つ買うと、のこりは40円とな
ります。あめを2つ買うとちょうど40
円なので、（チョコ・ガム・ガム・あめ・
あめ）が考えられます。
ガムを1つ買うと、のこりは70円とな
ります。あめをいくつ買っても70円に
はならないので、ちょうど150円にはで
きません。

ガムを買わないとき、あめを5つ買うと
ちょうど100円なので、（チョコ・あめ・
あめ・あめ・あめ・あめ）が考えられます。

○チョコレートを買わないとき
ガムは最大で5つ買えます。チョコを1
つ買うときと同じように調べると、ガム
を1つ、3つ、5つ買うときに150円に
できることがわかります。したがって、
答えは次の7通りになります。

答え

チョコ・チョコ・チョコ
チョコ・チョコ・ガム・あめ
チョコ・ガム・ガム・あめ・あめ
チョコ・あめ・あめ・あめ・あめ・あめ
ガム・ガム・ガム・ガム・ガム
ガム・ガム・ガム・あめ・あめ・あめ
ガム・あめ・あめ・あめ・あめ・あめ・
あめ

12 -①

えんぴつどうしの交差の様子を線で書き
こんでいくと、次のようになります。

答え

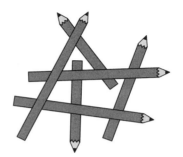

95

12-②

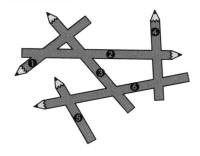

①②③はどれも高さがちがいます。どのえんぴつもかたむかないようにするためには、一番下にあるか、他のえんぴつ2本以上の上にのっている必要があります。①は2本の上にのることができないので、一番下にあるとわかります。同じように考えて⑤も一番下です。

ここまでで、②は①か③の上にのっていることがわかります。しかし、④の上にのらないとかたむいてしまうので、④は一番下にあります。そうすると、⑥は④と⑤の上にのっていることになります。③は⑥の上にのっていないとかたむいてしまいます。②と⑥が同じ高さと考えると、③は②の上にあるとわかりますね。

答え

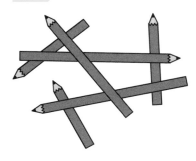

13-①

65 × 3＝195 により、かけ算の結果は最大でも200をこえないことがわかりま す。よって、右がわの百の位に入る数字は1です。

かけられる数の一の位が4の場合、54×3＝162　という式が作れますね。

答え

５４×３＝１６２

13-②

0は一の位にしか入りません。0を左がわに入れる場合、□0×3や、□0×4は、一の位が0になってしまいます。0のカードは1枚しかないので、このように当てはめることはできません。

3に1から9のどの数字をかけても一の位は0になりません。また、15×4＝60、25×4＝100、65×4＝260……なので、かけ算の結果が一の位が0である2ケタの数になるのは15×4＝60しかありません。

のこりの2，7，8，9も、かけ算の結果が3ケタにならないようにうまく当てはめると、答えは以下のようになります。

答え

２９×３＝８７
１５×４＝６０

14-①

黄色のピースを左によせる場合、グレーのピースをうまく置くことができません。黄色のピースを右によせる場合、答えのように置くことができます。

答え

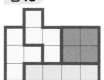

14-②

次の2つのピースに注目します。

黄色のピースは、下の段にしか入りません。このとき、黄色とグレーのピースを置く場所は以下の3つが考えられます。

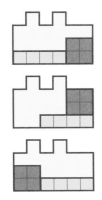

それぞれの場合について、のこりのピースでシルエットをうめられるかを調べると、答えは次のようになります。

答え

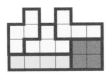

15-①

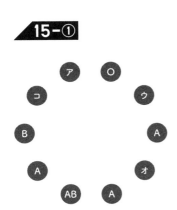

カとクがA型と決まるので、O型ののこり2人が入るところを考えると、オとコとわかります。

答え

イ、オ、コ

15-②

エがA型だとすると、A型ののこり3人が入るところは次のようになります。

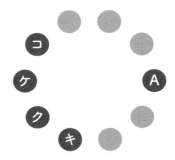

キ、ク、ケ、コはそれぞれとなり合っているので、3人を入れることはできません。よって、エがAB型とわかります。それによって、アはO型、カはB型とわかり、イはB型と決まります。

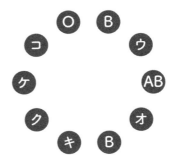

A型4人のうち、キ、ク、ケ、コの中に2人しか入れません。よって、のこりの2人はウとオに入ります。そうすると、O型ののこり2人は、キとケにしか入るところがありません。

答え

ア、キ、ケ

16-①

黄色の板を下がわ、左がわ、上がわにくっつけた図形は、それぞれ以下のようになります。

答え

・下がわ

・左がわ

・上がわ

16-②

黄色の板を動かさず、グレーの板をくっつけていくことを考えます。グレーの板をたて向きにくっつける場合、以下の9通りの図形ができます。

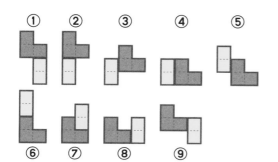

また、黄色の板をよこ向きにくっつける場合、以下の9通りができます。

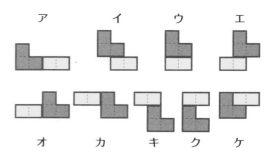

この中で、回転させたりうら返して重なるものを調べると、次のようになります。
（①，カ）（②，オ）（③，エ）（④，⑦，ウ、ケ）（⑤，イ）（⑥，ア）（⑧，ク）（⑨，キ）

答え

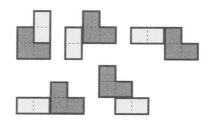

17-①

5枚のコインをみんなに1枚ずつわたしたのこりは2枚です。これを1人にわたす場合、もらわなかった2人はコインを1枚もっています。これをバラバラにわたす場合、もらった2人はコインを2枚もっています。よって、全員がちがう金額になることはありません。

答え

ア…5　イ…2　ウ…2　エ…2

17-②

6枚のコインを5人で分けるとき、1枚

だけコインをもらう人が4人います。コインは3種類しかないので、1枚だけコインをもらう4人が全員ちがう金額になることはありえません。

ア…6　イ…4　ウ…1　エ…3

18-①

白と黒のタイルの枚数は、表にある5通りが考えられます。それぞれの組み合わせについて、タイルのならべ方を調べると、答えのようになります。

18-②

4枚の三角形をつなぐとき、次のような形が考えられます。

それぞれのならべ方について、どれか1枚を黒の三角形にすることを考えます。回転させたりうら返して同じになる図形に注意して調べると、次のようになります。

19-①

アからカの中で、右下のマスに○が入っているのはカだけです。カは右の列の下2つに○が入っているので、アを使うことはできません。したがって、上の段の真ん中に○を入れるためにオを使わなければならないとわかります。のこりのマスはウを使えば、すべて○を入れることができます。

　ウ、オ、カ

19-②

真ん中のマスに○を入れるためには、エかオが必要です。エを使うとき、のこり2つの角をうまくうめることのできるシートがありません（イを2回使えばできますが、ルールいはんです）。
したがって、オを使うことがわかります。このとき、のこり3つの角に○を入れる方法は2つあります。1つ目は、2つの角に○が入っているシートと、1つの角に○が入っているシートを組み合わせて使う方法です。2つ目は、3つの角に○が入っているシートと、角に○が入っていないシートを使う方法です。それぞれの方法について調べると、2つ目の方法で9マスすべてに○を入れることができます。

　ア、オ、カ

20-①

4人の話から表をうめると、次のようになります。

	野球	サッカー	プログラミング	英会話
しょうた			×	×
とおる		×	×	×
はるか				×
あさみ	×	×	×	○

表から、とおるは野球しかありえません。したがって、しょうたはサッカーとわかり、はるかはプログラミングと決まります。

答え サッカー

20-②

しょうた、とおる、はるかの話から、表は下のようになります。はるかとあさみの話より、雨の日にあさみがとおると会うことができるのはバスの中です。よって、とおるがバスを使い、しょうたが電車を使ったことがわかります。

	歩き	自転車	バス	電車
しょうた	×	×		
とおる	×	×		
はるか				
あさみ	×			×

答え 電車

21-①

あきらが最初にすあまをとれば、すあま→まんじゅう→ウエハースの３つでしりとりが終わって勝つことができます。

答え すあま

21-②

しりとりを矢じるしでつなぐと下の図のようになります。まんとひひ、ひょう、うし、しまうまは４つで輪になっているので、あきらが勝って終わるには、くまをとって始めればよいとわかります。

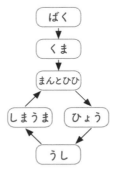

答え くま

22-①

ほかの数字でも試してみると、以下のようになります。
3、2、5、7、12、19、31、50……

答え 2

22-②

いろいろな数で試してみましょう。たとえば、最初の数が１と２だった場合は、「1、2、3、5、8、13、21……」となりますね。次に最初が２と４とすると、「2、4、6、10、16、26、42……」となります。最初の数を２倍にすると、できる数字もちょうど２倍になっていることがわかりますね。
このことを利用してみます。前ページは

50 を作る問題だったので、最初の数を
2倍の6と4にすると、「6、4、10、
14、24、38、62、100」と、100 を
作れることがわかります。

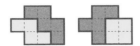

　6と4

23-①

次の2つの板をくっつけてできる形は
13種類あります。

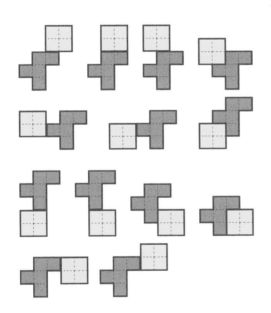

この中で、

の2つをくっつけてできる同じ形は次の
ようになります。

23-②

両方を動かしてかき出すと整理できなく
なってしまうので、黄色の板は動かさな
いで、グレーの板だけを動かして考えま
す。グレーの板を回転させ、黄色の板の
右がわ、左がわ、上がわ、下がわにくっ
つけると、下のような図形ができあがり
ます。

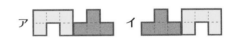

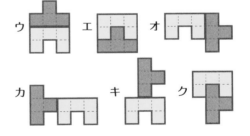

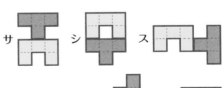

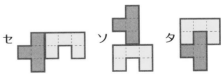

この中でもう1つの組み合わせを当てはめることができるのはシだけです。

答え

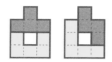

24-①

ア、イ、エ、オのおさらにはすべてみかんがのっています。これらの値段をくらべるには、みかん1つをのぞいて考えればよいので、イ、オ、エ、アの順に高いとわかります。
次に3つのくだものがのったおさらイ、ウをくらべます。どちらもりんごとバナナが1つずつのっているので、これらをのぞいて考えると、イよりウのほうが高いとわかります。

答え　ウ、イ、オ、エ、ア

24-②

アとウのりんごをみかんに、エのみかん2つをバナナに置きかえます。すると下の図のように、みかんとバナナ4つの組み合わせになります。

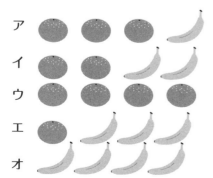

みかん1つとバナナ1本ではみかんのほうが高いので、みかんが多い順にならべると次のようになります。

答え　ウ、ア、イ、エ、オ

25-①

かつやとたかこのカードの組み合わせを考えてみましょう。かつやのカードが9だとすると、たかこのカードが3になり、これは「3をひいた人はいない」というさつきの話とは合いません。よって、かつやは12となり、たかこは4とわかります。さつきはたかこと1ちがいなので、5となります。

答え

あいこ…6、かつや…12、さつき…5、たかこ…4

25-②

さつきの話から、さつきは11、12、13のどれかだとわかります。あいこの話から、さつきのカードがクラブ、もしくはハートだとすると、その2倍になっているダイヤかスペードのカードは22、24、26となります。トランプの中にこの数字はありませんね。よって、さつきのカードはダイヤかスペード、さらに2の倍数とわかります。たかこがスペードをもっているので、さつきのカードはダイヤの12です。
さつきのカードより、クラブの6をもっている人がいることになります。それはかつやとたかこの話より、あいこ以外は考えられません。したがって、かつやのマークはハートとわかり、たかこの数字は8とわかります。

26−①

以下のように分けて考えます。
○正三角形どうしがくっついていないもの

○正三角形どうし3つくっついているもの

○正三角形どうし2つくっついているもの

答え

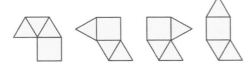

26−②

正方形どうしがくっつかないならべ方は
1通りしかなく、次のようになります。

のこりのならべ方は、正方形どうしがくっ
ついていると考えられます。そこで、次
のように分けて考えます。

○正方形が3つくっついているとき
ならべ方は2通りあります。

回転させたりうら返して重なる図形に気
をつけて正三角形の置く場所を考えると、
次のようになります。

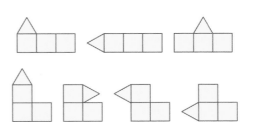

○正方形が2つくっついているとき
2つくっついた正方形が、正三角形に対
してよこ向きになるのか、まっすぐにな
るのかの2通りがあることに注意します。

上の図にのこり1つの正方形をくっつけ
ると、次のような図が考えられます。

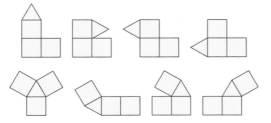

27-①

上の図では、板を回転させる前、うらの
矢じるしはこのようになっています。

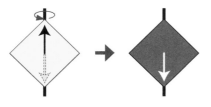

太い線を中心に回転させると、下の図の
ようになります。

それをふまえ、問題では回転させた後、
以下のようになります。

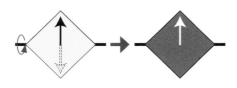

回転する前と後の矢じるしの向きをくら
べると、太い線に対して鏡写しになって
いますね。これを、「線対称（せんたいしょう）」とよびます。

答え
上向き

答え
上向き

28-①

考え方の「道しるべ」の表から、どの図
形もたて・よこの線は同じ数です。よって、
ななめの線の数でまわりの長さが決まり
ます。ななめの線の数が多い順にならべ
ると、オ、ウ、ア、エ、イとなります。

答え
オ、ウ、ア、エ、イ

27-②

板のうらの矢じるしがどの向きなのか、
上の図をもとに考えると次のようになり
ます。

28-②

ななめの線をたて・よこの線2本に置き
かえると、次の図のようになります。

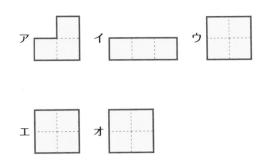

どの図形もまわりの長さはすべて同じになりますね。長さは、ななめの線よりたて・よこの線2本のほうが長いので、置きかえたところが多ければ多いほど、もとの図形よりまわりの長さが長くなります。
置きかえたのはアが3か所、イが2か所、ウがなし、エが4か所、オが1か所なので、もとの図形では、ウ、オ、イ、ア、エの順に長いとわかります。

ウ、オ、イ、ア、エ

29-①
①①＋②②＋③③＝21＋29＋26＝76
の式から考えます。
①＋②＋③＝76÷2＝38と
①＋②＝21から、③＝38－21＝17
よって、②＝9、①＝12

9グラム、12グラム、17グラム

29-②
4つのおもりから3つえらぶ方法は4通りです。それはつまり、おもり①がのっていないはかり、おもり②がのっていな

いはかり、おもり③がのっていないはかり、そしておもり④がのっていないはかりです。それぞれのおもりは3つのはかりにのっていることになるので、次のような式で考えることができます。
①①①＋②②②＋③③③＋④④④＝25＋31＋42＋37＝135g
よって、①＋②＋③＋④＝135÷3＝45g
このことから、おもりはそれぞれ3g、8g、14g、20gとわかります。

3グラム、8グラム、14グラム、20グラム

30-①
きょうことしんじの話から、しんじは×とわかります。みつるの話から、きょうことたかしは○ではないとわかります。
よって、正解したのはみつるのみとなります。

　みつる

30-②
きょうこはAをえらびました。しんじはりえと同じものをえらび、みつるとちがうものをえらんでいます。たかしの話より、たかし以外の4人は多いほうと少ないほうに分かれています。もし、りえがAをえらぶと、しんじとみつるがえらんだ結果は下のようになります。

A	B
きょうこ	みつる
りえ	
しんじ	

多いほうと少ないほうに分かれています
ね。もし、りえがBをえらぶと、しんじ
とみつるがえらんだ結果は下のようにな
ります。

A	B
きょうこ	りえ
みつる	しんじ

これでは多いほうと少ないほうに分かれ
ていませんね。よって、りえはAをえら
んだことになり、たかしはBをえらんだ
とわかります。したがって、正解したの
はたかしとみつるです。

答え たかし、みつる

31-①

向こうぎしにわたる人数はもどる人数よ
り多くなければ、向こうぎしにいる人数
はふえていかないので、2人でわたって
1人でもどってくればよいとわかります。
2人でわたる→1人でもどる→2人でわ
たる→1人でもどる→2人でわたる の、
合計5回で全員向こうぎしにわたること
ができます。

答え 5回

31-②

向こうぎしにわたる人数がもどる人数よ
り多くなければ、全員が向こうぎしにわ
たることはできません。しかし、ボート
に2人のれるのは子どもだけです。この
ことを考えると、子ども2人が向こうぎ
しにわたる状況をどれだけ作れるかがカ
ギとなります。動かし方は次のようにな
ります。

①子ども2人でわたる

②子ども1人でもどる

③大人1人でわたる

④子ども1人でもどる

⑤子ども2人でわたる

⑥子ども1人でもどる

⑦大人1人でわたる

⑧子ども1人でもどる

⑨子ども2人でわたる

答え　9回

この中で当てはまるのは、左から2番目の図形だとわかります。

32-①

B＝5とわかり、Aに1から9を当てはめていくと、Aが4のときに式が成り立つとわかります。（4＋5）×5＝45

答え　45

答え

33-②

1つずつ立方体をはずした図をかいていくと、下の図形が答えだとわかります。

32-②

ある数に5をかけると、一の位はかならず0か5になります。したがって、Cは0か5です。しかし、Cが0のとき、A×B×C×5＝0になってしまうので、C＝5とわかります。
次に、Cが5ということは、かけ算の結果は奇数です。このことから、A、Bはともに奇数だとわかります。
最後に、A×B×25＝AB5から、B5＝75です。（B5が15,35,55,95のときは25でわり切れないため）。あとはAに奇数を当てはめていくと、答えは以下のようになります。

答え

34-①

あきらが100円玉と1円玉を最初にとれば、100円、10円、1円はそれぞれ2枚、4枚、4枚になります。さとるがとった組み合わせと同じ組み合わせをとり続けることで、各コインののこりを偶数枚にできます。したがって、すべてのコインの最後の1枚をとることができます。

答え
100円玉と1円玉をとる

答え　175

33-①

それぞれのブロックをバラバラにすると、次のようになります。

34-②

最初にあきらが10円玉を1枚だけとれば、のこりのコインはすべて偶数枚になります。その後、さとると同じコインをとり続ければ、とれなくなることはありません。

答え

10円玉をとる

35-①

たけしの時計がイとなると、さおりの話より、さおりはウとなり、ゆうなはエとわかります。

答え

	ア	イ	ウ	エ
よしお	○	×	×	×
さおり	×	×	○	×
たけし	×	○	×	×
ゆうな	×	×	×	○

35-②

10分ちがう時計の組み合わせはアとウ、ウとエです。さおりの話より、合っている時計はアかウとなります。次に、5分ずれている時計の組み合わせはイとウ、イとエです。よって、たけしの話より、合っている時計がアではないことがわかるので、合っている時計はウとなります。したがって、表は次のようになります。

	ア	イ	ウ	エ
よしお	×	×	○	×
さおり			×	
たけし			×	
ゆうな			×	

ここからさおりとたけしの話より時計を当てはめていくと、答えがわかります。

	ア	イ	ウ	エ
よしお	×	×	○	×
さおり	○	×	×	×
たけし	×	○	×	×
ゆうな	×	×	×	○

答え　さおり

36-①

2人が同じ数のあめをもらうとき、2人分のあめの数は、1人分の2倍必要です。つまり、あめの合計は偶数でなければいけません。すべてのふくろに入っているあめの合計は、1＋2＋3＋4＋5＋6＝21です。21は奇数なので、2人で分けられません。

答え

ア…21、イ…2

36-②

「＝」は右がわと左がわが同じになるという意味です。つまり、右がわすべてと左がわすべてで同じ数ずつ分かれるようにしなければいけません。1から9までの合計は45なので、2でわるとあまりがでてしまいます。よって、右がわと左がわで同じ数に分けることはできません。

37-①

100 メートルのたての道と 200 メートルのよこの道を合計 11 本通って、1400 メートル歩くためには、
(1400－1100)÷(200－100)＝3
より、よこの道を 3 回通るので、答えは次のようになります。

答え

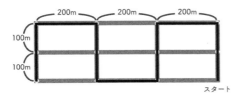

37-②

チェックポイントは全部で 19 個あるので、すべて回るには 19 本の道を通ることになります。すべて 100 メートルの道を通るとすると、1900 メートル歩くことになりますが、実際に歩いた道のりは 2400 メートルです。したがって、通ったよこの道の本数は、次のようにして求められます。

(2400－1900)÷(200－100)＝5

よこの道を 5 回だけ通ってすべてのチェックポイントを通るためには、よこの道を右向きに 1 回、左向きに 4 回通るしかありません。なので、ルートは次のようになります。

答え

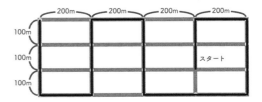

38-①

ペンキの面がどこにあるかマスに書いていきながら、どの道を通れるか確かめていくと、次のようになります。

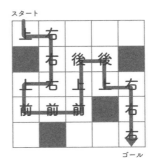

答え

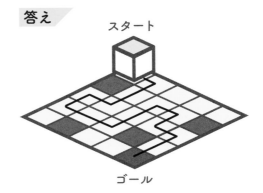

38-②

続きを書いていくと次のようになります。

次に、下に行くとゴールに立たせることはできません。

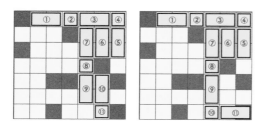

⑧の次に左に行き、このままゴールに向かっても途中で引っかかってしまいます。

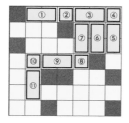

ここで、転がしたときに下にくる面について考えます。正方形の面が下にあるところから転がすと、次は長方形の面が下になります。ところが、長方形の面が下にあるところから転がすと、正方形の面が下になるとはかぎりません。

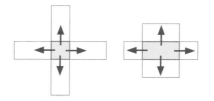

長方形の面が下になっているときは、次も長方形の面が下になるように転がせば、正方形の面が下になる場所をずらすことができます。そうすると、答えのようにゴールにたどり着くことができます。

答え

39-①

★のところに行くために止まらなければいけないマスを順番に考えると、△のマスに止まればよいとわかります。

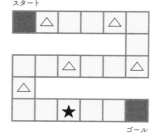

答え　1マス動かす

39-②

ゴールから逆に考えてみましょう。下の図の★のところにコマを置くことができれば、その後は相手と同じようにコマを動かしてゴールすることができます。

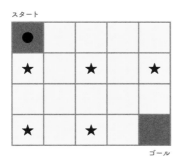

答え 1マス下に動かす

40-①

3は、2をかけても3をかけても6〜15までの数字になります。よって、最初に3をかければ勝てるとわかります。

答え
ア…3、イ…5、ウ…3

40-②

51以上の数は2をかけても3をかけても100をこえるので、あきらは51〜100を作れば勝ちです。
まず、あきらが51〜100を作るための条件を考えてみましょう。2をかけて51〜100になる数は26〜50、3をかけて51〜100になる数は17〜33なので、さとるが17〜50を作れば、あきらは2または3のふさわしいほうをかけることで、51〜100を作ることができます。

次に、さとるが17〜50を作る条件を考えてみましょう。2をかけて17〜50になる数は9〜25、3をかけて17〜50になる数は6〜16なので、あきらが9〜16を作れば、さとるは2をかけても3をかけても17〜50を作ることになります。
同じように考えていくと、あきらは最初に2をかければよいとわかります。

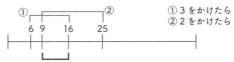

2をかけても3をかけても17〜50を作れるはんい

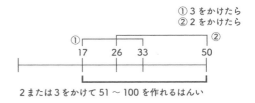

2または3をかけて51〜100を作れるはんい

答え
2をかける

村上綾一　むらかみ・りょういち

株式会社エルカミノ代表取締役。早稲田大学卒業後、大手進学塾の最上位指導、教材・模試の作成を経て、株式会社エルカミノを設立。教育部門「中学受験エルカミノ」では授業も担当し、生徒を東大、御三家中学、数学（算数）オリンピックへ多数送り出している。2008年公開の映画デスノート『L change the WorLd』で数理トリックの制作を担当。著書に、『理系脳をつくるひらめきパズル』『エルカミノ式 理系脳をつくる計算・図形ゲーム』（幻冬舎）、『新版 面積迷路』（学研プラス）、『人気講師が教える理系脳のつくり方』（文藝春秋）、『中学受験で成功する子が10歳までに身につけていること』（KADOKAWA）など多数。

稲葉直貴　いなば・なおき

パズル作家。名古屋工業大学大学院博士前期課程修了。在学中に数理パズルの自動生成技術を開発し、現在は日本を代表する作家として、多数のパズル誌に問題を提供している。パズルの教育への利用にも意欲的で、「中学受験エルカミノ」とスクラムを組み、さまざまな学習パズルを考案。「面積迷路」は海外メディアにも取り上げられ、翻訳版も出ている。また、『算数ゲーム チェント』『算数ゲーム カルコロ』（学研プラス）など、学習に役立つゲームも手がける。日本パズル連盟会員、東京大学ペンシルパズル同好会特別名誉会員。

中学受験エルカミノについて

小中高12年一貫の理数系教育を行う、進学指導塾。御三家中学、東大、医大など、最難関校を目指す受験生を対象に指導している。御三家中学については、2006～2015年の10年間で、受験者の7割が合格するという驚異的な実績を叩き出す。また、パズルを使って思考力や発想力を養う講座など、独自の理数系教育に取り組んでいる。現在、東京都内に13教室を開校。

［協力］斉藤駿、平山貴晟（エルカミノ）
［イラスト］宮野耕治
［デザイン］近藤琢斗、石黒美和（FROG KING STUDIO）

理系脳をつくる ひらめき思考力ドリル
2020年1月25日　第1刷発行
2023年1月30日　第5刷発行

［著　者］村上綾一
［発行人］見城 徹
［編集人］中村晃一
［編集者］丸山祥子

GENTOSHA

［発行所］株式会社 幻冬舎
〒151-0051　東京都渋谷区千駄ヶ谷4-9-7
電話　03(5411)6215(編集)
　　　03(5411)6222(営業)

［印刷・製本所］株式会社光邦
検印廃止

ホームページアドレス　https://www.gentosha-edu.co.jp/
この本に関するご意見・ご感想は、下記アンケートフォームからお寄せください。
https://www.gentosha.co.jp/e/edu/